微商經濟學

MICRO BUSINESS ECONOMICS

迎接全球化之下的跨境電商挑戰
從即時連接到無縫互動，掌握行動社交趨勢，
打造個性化用戶體驗

魏星 著

去中心化的商業模式
藉由多元化發展，重塑品牌價值

從產品選擇到團隊管理，制定經營策略
掌握官方帳號的營運，挖掘社群中的商機
提升轉換率與消費者購買率

目 錄

前言

推薦序

第 1 章　微商進化論：後微商時代，
　　　　微商 2.0 引領新的藍海時代

　　016　微商模式：
　　　　去中心化時代，基於行動社交的電商新形態

　　025　微商 1.0：
　　　　傳統微商遭遇瓶頸，探索未來微商的突破路徑

　　035　微商 1.0 到微商 2.0：
　　　　新商業環境下，微商的轉型與進化

　　044　圈人、圈地、圈錢：
　　　　微商 2.0 時代，建構良性的微商模式

　　052　微商 2.0 平臺模式：
　　　　第三方店鋪＋朋友圈＋官方帳號

目錄

059　傳統企業＋微商 2.0：
　　　行動浪潮下，企業如何嫁接微商 2.0

065　微商生態之變：
　　　從投資「KOL 店」看微商未來趨勢

072　傳統微商的轉型：
　　　「個性化＋訂製化」模式引領行動電商未來

第 2 章　微商＋：連繫一切時代，顛覆傳統微商模式的轉型路徑

078　贏在「微商＋」模式：
　　　微商 2.0 時代的四大發展模式

085　微商＋B2C：
　　　基於 B2C 模式的微商平臺如何營運管理

092　微商＋O2O：
　　　大潤發如何用微商大軍拿下鄉鎮市場

095　微商＋生鮮：
　　　如何實現生鮮微商模式落地

103　微商＋社群：
　　　社群經濟時代，社群微商的四大營運思路

112 微商＋群眾募資：
藉助群眾募資平臺做微商，引領品牌微商崛起

118 微商＋平臺：
「消費者＋場景＋關係」決定微商平臺的成敗

第 3 章　微商經濟學：行動網路時代，微商崛起背後的經濟學思考

126 社群經濟：
建構一個有價值的活躍社群

133 粉絲經濟：
基於社群平臺的微行銷模式

141 信任經濟：
信任產生價值，微商重塑買家與賣家的關係

148 分享經濟：
Web 3.0 時代，微商如何展現分享經濟理念

155 創客經濟：
微商創業背後的經濟價值

第 4 章　跨境微商：全球網路浪潮下，　　　　　　　微商的下一個爆發點

164　跨境電商時代，
　　　「跨境＋微商」引領微商 2.0 模式的新突破

168　跨境微商的三大商業模式：
　　　M2C 模式＋ B2C 模式＋ C2C 模式

176　跨境微商主要玩家對比：
　　　誰將是跨境微商領域的最後贏家

182　海外購物微商攻略：
　　　「微商＋海外購物」模式必須要解決的四大問題

第 5 章　微商營運策略：微商 2.0 模式下，　　　　　　　建構全方位的營運體系

188　微商 2.0 模式三大策略：
　　　產品選擇＋使用者經營＋服務體驗

197　微商代理起步技巧：
　　　選擇商品＋選擇供應商＋帳號設定技巧

205　微商營運體系：
　　銷售力＋服務力＋策劃力＋塑造力＋培訓力

212　拯救你的官方帳號：
　　突破七大營運痛點，打造微商營運閉環

218　從個體經營到團隊營運：
　　如何組建一個優秀的微商團隊

224　微商團隊管理13項原則：
　　如何提升團隊戰鬥力和執行力

第6章　社群媒體行銷與推廣：
　　　　藉助社群平臺提升轉換率與購買率

234　社群媒體行銷與營運實戰技巧：
　　基於社群平臺的四大行銷模式

236　官方帳號行銷：
　　官方帳號的策略、方法，技巧與實踐

241　指尖上的內容行銷：
　　如何在官方帳號上做好內容行銷

248　粉絲經濟下的社群媒體行銷：
　　社群媒體行銷必須要具備的十大能力

- 254 產品行銷及營運：
  微商如何建立、維護與管理好客戶關係

- 260 微行銷法則：
  傳統企業如何利用社群媒體行銷提升流量與轉化

第 7 章　為微商正名：建立完善的信任機制，拒絕「傳銷」標籤化

- 266 以「信任」做代言：
  微商如何與顧客建立強信任關係

- 275 信任決定微商成敗：
  打消顧客的疑慮，提升顧客信任度

- 281 微商的品牌化路徑：
  以精細化營運建構顧客的品牌信任

- 288 微商 ≠ 傳銷：
  拒絕傳銷標籤，關於微商的 4 個誤解釋疑

- 294 去傳銷化 VS 微商求變：
  微商如何能擺脫「傳銷」陰影

前言

　　隨著行動網路技術的發展和智慧型手機的普及,行動端在人們的生活中的地位逐漸加重,與網路相關的各種商業行為也開始由 PC 端向行動端遷移,電子商務正是其中之一。

　　微商在發展之初,憑藉成本低、操作簡單、獲利快等明顯優勢,獲得了不少人的青睞。資料顯示,在 2014 年 6 月、2014 年 10 月、2015 年 1 月及 2015 年 3 月,微商的發展分別出現了高峰期。而一些電商大廠進軍微商,更是讓微商的熱度急遽增加,隨之而來的行銷活動、微商大會以及媒體的追蹤報導,進一步將微商的發展推向了高潮。

　　但微商的弊端在爆發式增長的過程中也逐漸暴露了出來,如頻繁洗版過度行銷、產品種類單一、品質參差不齊等。因此,這個微商發展並不成熟的階段也可以稱作微商 1.0 時代。

　　在微商 1.0 時代,微商確實有被「傳銷化」的嫌疑,這一方面是由於缺乏相應的監管和規範,另一方面是因為傳銷(或直銷)在行動網路的社交平臺上獲得了生存的條件。由於微商是基於一定社交關係的開放平臺,有利於行銷創業團隊的形

成和發展。其成員之間往往都是在現實生活中存在連繫的個體，這加強了產品的信任背書，使得代理的發展更加容易。

而要跳出微商 1.0 時代的局限，剝離其種種弊端，首先應該正確認識微商這種商業行為。微商是依託社交平臺，基於個體的社交網路進行行銷傳播，並最終獲得商業價值的一種模式。因此，微商也可以說是一種行動網路時代的社會化行銷。

其次，必須加強對微商行業的監管和規範。倡導微商良性營運並且從技術層面上對其進行規範；就非法分銷模式進行處理，對於不遵守規範、鑽法律漏洞的商家將處帳號永久停權的處罰；對微商的文章分享進行了明確的規定。

再次，必須正確認識平臺的價值。

隨著微商的不斷探索和實踐，微商也即將進入 2.0 時代。微商 2.0 是社交電商形成的一種狀態，其代表性事件就是傳統的企業和品牌開始邁入微商。而之所以將其定義為微商 2.0，是因為傳統企業在進入微商之後，微商行業將出現一種新的遊戲規則。

被定義為「微商元年」的 2015 年承載著眾多個人及組織在微商領域的夢想，他們期望在這個巨大的潮流分一杯羹。而微商未來的發展，也將會產生更多元化的形式。

1. 微商＋平臺

平臺的崛起，讓主頁的洗版、假冒偽劣產品泛濫得到了有效的控制。平臺可以用自己的資源優勢為交易雙方解決貨源、倉儲、交易保障等問題，以此積聚大量的商家與消費者。而且，微商平臺的發展所經營的產品範圍，也將不再局限於化妝品、奢侈品，必將朝著更廣闊的領域發展。

2. 微商＋C2B

C2B 的微商，將實現去中心化的商業轉變。企業將吸引平臺上的消費者參與到產品的設計中來，根據消費者的需求生產個性化與訂製化的產品及服務，為消費者在產品的價格上提供更多的話語權，為企業的產品生產提供更為有效的指導。

3. 微商＋O2O

由於採用雙方直接連繫的模式，微商有效改變了傳統線下銷售效率低下、購買流程繁瑣、使用者回流率低的局面。而與 O2O 結合後，微商的經營方式將會發展成為行動客戶端經營，這種去中心化的流量入口使得商家擺脫了對第三方機構的依賴，極大地提升了交易效率。

4. 微商＋農村

「得農村者得未來」成為電商行業內的共識。而行動端是農村網友的主要網購終端裝置，農村天然的本地化社交優勢又為微商的發展提供了巨大的推動力，微商在農村崛起將會成為一種不可阻擋的潮流。

凱文・凱利（Kevin Kelly）在一次演講中提到：「未來世界會不斷在科層體制中去中心化，分享和行動化將是趨勢，創新將來自前沿和邊緣。」外界的推動加上內在的需求，將促使微商進行新一輪的轉型更新，微商 2.0 時代即將到來！

推薦序

　　如今,在這個「大眾創業,萬眾創新」的時代,有多少人想為自己「工作」?可以說,「微商」就是其中一個很好的管道。打開社交平臺,朋友圈中的在家帶孩子的全職媽媽、在校學生、公司職員時不時發發商品資訊,的確是萬人做微商的盛景。打開網頁,輸入「微商」兩個字,也會看到鋪天蓋地的相關資訊,搜尋一下就有 6,840,000 個搜尋結果,可見,微商的熱門程度是多麼驚人!

　　回顧微商的成長歷程,由於進入門檻較低,一部智慧型手機、懂得使用 APP,便可以進行微商活動,微商的低門檻能夠為更多的人提供創業機會,這一商業模式像若干年前的購物平臺一樣,讓很多人致富,讓更多的人擁有更高的生活水準。微商會成就一批人,但也會毀滅一批人。目前說起微商,讀者朋友會想到什麼?網美?面膜?代購名牌?保健品?貌似很多人對「微商」這個詞嗤之以鼻,微商發展並不成熟的階段也可以稱作微商 1.0 時代。在微商 1.0 時代,微商確是有被「傳銷化」的嫌疑,一方面這是由於缺乏相應的監管和規範,另一方面是因為傳銷(或直銷)在行動網路的社交平

推薦序

臺上獲得了生存的條件。由於微商基於一定社交關係的開放平臺，有利於行銷創業團隊的形成和發展。而要跳出微商 1.0 時代的局限，剝離其種種弊端，首先應該正確認識微商這樣一種商業行為。微商是基於人際關係，依託行動社交平臺進行行銷傳播，並最終獲得商業價值的一種模式。而本書作者魏星用他的思考與實踐為微商正名，那些適應市場變化、積極改變創新的人會透過微商模式而取得成就；那些守舊固執、依然堅守自己古老觀念的實體店商業經營者，極有可能在微商的衝擊下被顛覆。

時代更替到微商 2.0 時代，這個行業由內到外會進化，淘汰那些無視商業規律的人，而那些對行業不斷貢獻力量且推動行業向前發展的人則會盡顯統治力，也會得到行業回饋的財富、聲譽和未來。

第 1 章
微商進化論：
後微商時代，
微商 2.0 引領新的藍海時代

第 1 章　微商進化論：後微商時代，微商 2.0 引領新的藍海時代

微商模式：去中心化時代，基於行動社交的電商新形態

　　微商是企業或個人基於社群媒體開店的一種行動社交電商新模式。這一新型電商模式的最大作用是可以有效沉澱使用者，實現線上線下的流量整合，本質上是一種基於社交平臺的社會化分銷模式，主要分為 B2C 微商和 C2C 微商兩種類型。

　　以「連繫一切就是美」為理念，基於社群平臺強大的社交連線能力，微商實現了商品的社交分享、熟人推薦與首頁展示。

微商模式

　　前文已經提過，微商是一種基於社交生態平臺、融移動與社交為一體的新型電商模式，包括 B2C 和 C2C 兩種類型。

　　B2C 微商模式是指由廠商、供貨商、品牌商等貨物供應者基於社群平臺搭建一個統一的移動商城以便面對消費者、整合分散的線上線下需求，並負責產品的管理、發貨與售後服務等內容。其成熟的基礎條件主要包括如圖 1-1 所示的 4 個方面的內容。

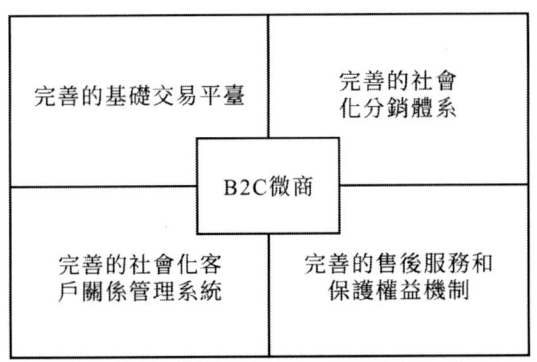

圖 1-1 B2C 微商的 4 個基礎條件

1. 完善的基礎交易平臺

不論是新型的微商模式，還是以往的電商模式，首要前提都是要建構一個可供交易的完善平臺，這也是網路時代下實現電子商務營運的必然要求。

2. 完善的社會化分銷體系（SDP）

就目前來看，這一體系還較為混亂，很多微商品牌的分銷體系甚至已經接近了傳銷界線，急需透過各種技術手法引導這一體系的理性化建構。

3. 需要完善的社會化客戶關係管理系統對企業會員進行管理。

4. 需要能夠與消費者直接溝通回饋的完善的售後服務和保護權益機制。

第 1 章 微商進化論:後微商時代,微商 2.0 引領新的藍海時代

　　微盟 SDP 系統有著三大角色:供貨商(品牌廠商)、分銷商(品牌廠商的線下管道)和微客(粉絲和消費者)。這一系統有效解決了 B2C 微商在吸引粉絲、累積、交易、服務等環節的難題,為 B2C 微商的成熟發展提供助力。這種推動作用主要展現在以下兩個方面。

- SDP 系統可以幫助那些已經擁有完善的線下銷售管道的供貨商開設針對分銷商的獨立後臺,每個分銷商都可以獲得有唯一標識的 QR Code,以便供貨商可以透過 QR Code 進行系統管理。同時,SDP 系統又可以將消費者匯聚以方便供貨商根據使用者需求進行生產。另外,消費者也可以透過 QR Code 進入品牌統一後臺,使分銷商可以管理自己所引導的粉絲和訂單,從而解決了線上線下的利益分成問題。

- 對於那些沒有完善的線下銷售管道的商家,則可以透過 SDP 的更新演化系統「微客」來發展分銷。具體流程是微客透過將商品分享至主頁的方式幫助供貨商進行宣傳,若是消費者透過分享的連結購買商品,微客就可以直接拿到佣金。需要注意的是,不同於層層分級的傳銷模式,微客的核心是分層而不分級,以此避免違規風險。這就涉及了微商的另一模式,即 C2C 模式。

微客屬於行動端商城中的個人分銷功能,透過在社群媒體上分享商品連結實現商品的社交分享、熟人推薦和首頁展示等功能,並經由熟人關係鏈實現商品的口碑傳播。若消費者透過連結交易成功,微客就能夠直接透過 SDP 系統自動獲得佣金。因此可以說,微客有效消除產品與消費者隔閡的同時,開啟了一個人人可做電商的時代。

　　那麼,作為一個基於社交生態平臺產生的新型電商模式,微商又有哪些作用和優勢呢?

微商的優勢

　　社群平臺的原初意義是社交而非商業行銷工具,這一點決定了基於平臺發展起來的微商更容易找到自己精準的使用者群和網路大數據,實現與使用者的直接溝通交流,從而更具針對性地提升企業產品和服務品質。從這一點來看,微商最大的優勢便在於能夠聚合起分散的線上線下流量,實現使用者資源的累積。

　　如何累積使用者、與消費者建立起強關係以擁有一批穩定的高黏著度使用者群,是大多數傳統電商零售企業面臨的首要難題,其原因主要有以下兩點。

　　一方面無論 B 店還是 C 店,都是透過購物平臺上的使用

第 1 章　微商進化論：後微商時代，微商 2.0 引領新的藍海時代

者來完成訂單交易，而非商家自身所有的高黏著度使用者。由於使用者隨時都有可能將注意力轉移到其他商家身上，這就使企業的經營具有很大的不穩定性。

另一方面，由於客戶主要是透過搜尋完成下單，缺乏直接與商家溝通的管道，這既在一定程度上降低了消費者的購物體驗，又阻礙了商家對使用者真實需求的了解回饋，使得企業無法掌控越來越快速的市場變化。

作為一種去中心化的電商新形態，微商模式能夠將線上線下多種管道所接觸到的客戶全部匯聚起來形成一個屬於企業本身的使用者資料庫，以便實現針對客戶的精準行銷和個性化推薦。而社交平臺的原初本質使得它對微商來說成為了一個絕佳的客戶管理平臺——商家在官方帳號上就可以與透過各種管道聚合起來的使用者進行直接的接觸溝通，從而真正能夠提供符合使用者需要的個性化產品和服務，建立起與客戶的強關係，達到累積使用者的目的。

微商模式是近兩年才發展起來並逐漸為多數人所熟知的一種電商模式。由於還沒能建構起一個制度化的行為規範和倫理準則，導致當前微商在其發展過程中出現了一些問題，特別是 C2C 模式和社會化分銷體系的混亂，更加劇了人們對這一新型電商模式的偏見和誤解。這種誤解的主要表現是將微商模式與首頁賣貨和傳銷等同起來。

微商與首頁賣貨

將微商與首頁賣貨等同起來，源於早期在首頁賣貨的一批人過度開發朋友圈入口的第一波紅利迅速致富。由於這種代理分銷的裂變效應和低門檻、零成本的病毒行銷，使得這種方式短時間內在平臺大量湧現，形成了最早的 C2C 雛形。

但是，這種首頁賣貨方式由於在產品品質、種類選擇、物流、保護權益等方面都缺乏一個清楚的行為規範，導致了大量非法暴利的三無產品泛濫與惡意行銷，這是人們對微商頗有微詞的原因所在。不過，微商絕非簡單的首頁賣貨，首頁只是微商模式下 C2C 環節的一個方面。特別是隨著使用者對微商廣告的強烈反感和官方對惡意行銷的嚴厲打擊以及新的行動電商平臺的崛起，必然會導致首頁賣貨的消亡和 C2C 的重新洗牌。

優質正品＋分佣獎勵是微商模式下激發微客分享動力的雙重機制。當使用者對使用過的企業產品感興趣時，可以將商品連結分享到社交平臺並獲得所售商品的佣金，從而實現基於熟人推薦的裂變式社會化分銷模式。同時，在產品品質、種類選擇、物流、保護權益等方面則交由 B 端貨物供應者（廠商、供貨商、品牌商）來解決，以保證使用者優質的消費體驗。

第 1 章 微商進化論：後微商時代，微商 2.0 引領新的藍海時代

微商與傳銷

由於擁有完善的分銷網路，再加上早期首頁賣貨層層代理的發展模式，不可避免地使外界將微商與傳銷等同起來。

然而，微商是以賣貨而非詐騙獲益，且商品多為消費頻率較高的服裝、面膜等日常用品，這是它不同於傳銷的地方。而且，從營運模式上來看，微盟的本質也是傳銷而非傳銷模式。因為產品的品質、選擇、物流、保護權益等方面仍由企業負責，無論是分銷商還是微客，都是推而不銷，核心目的都是為了拓展分銷網路，提升企業和商品的知名度和信譽度。

小米席捲手機市場的傳銷模式無疑是非常成功的，但不是所有企業都能夠像小米那樣運用網路思維玩轉粉絲經濟。因此，為實現行動電商轉型，透過雙重機制（優質產品＋佣金）來吸引粉絲推廣企業產品和品牌，以建構、完善自有的分銷網路就顯得十分必要了。

微商的未來趨勢

就當前來看，傳統電商平臺不可能完全淘汰傳統零售，而微商也不可能顛覆傳統電商平臺，誰也無法完全占據主導地位。因此，未來零售行業必將呈現傳統零售、電商、微商 3 種模式長期共存之勢。

就電商模式的發展趨勢來看，隨著購物平臺的弊端逐漸突顯，越來越多的企業走上了搭建自營體系之路，逐漸把購物平臺使用者引導至社交平臺並建立會員體系，透過多種方法（積分制、優惠活動等）來拓展使用者，以期形成一個高黏著度的使用者群。

完善的基礎交易平臺、社會化分銷體系、優質的客戶關係管理系統和售後保護權益機制是 B2C 微商成熟的基礎條件。因此，在這個人人可電商的網路新時代，基於朋友信任關係的推薦消費是非常有價值和前景的，B2C 微商模式必將成為未來電商模式的真正主導者。

未來幾年將是微商的大爆發時期。而 2015 年作為微商元年，其發展主要呈現出如下幾種趨勢：團隊規模化、使用者社群化、管道立體化、技術規範化、產品多元化、行銷媒體化、運作資本化和政策柔性化。

微商公約

B2C 微商和 C2C 微商組成了當前微商模式的兩個環節。隨著微商爆發式的增長，暴力洗版、同質化和低劣的產品等問題也在加深著人們對微商的偏見和誤解。如何扭轉這一情況，規範微商的理性發展，成為當前被資本和市場所熱捧的微商面臨的首要難題。

第 1 章　微商進化論：後微商時代，微商 2.0 引領新的藍海時代

　　野蠻生長的微商需要借公約加強自律，作為微商運作關鍵節點的分銷環節也需要透過技術方法來進行規範。因此，建立以「戒違規、戒偽劣、戒傳銷、不亂市、不囤貨、不暴利、不洗版和不殺熟」為主要內容的微商公約就顯得十分必要和緊迫，也得到了越來越多微商參與者的肯定和認同。

微商 1.0：傳統微商遭遇瓶頸，探索未來微商的突破路徑

　　微商在人們爭論不休中發展，對大眾來說，如今它已不是一個陌生的詞語，相反，可能在你身邊不小心就會碰到一個微商。這種情況也推進了人們對其的討論深度，並漸漸分出支持者和反對者，前者認為微商必將迎來光明的大未來，後者則認為它違背了平臺社交的天然屬性，將面臨覆滅。

　　自從微商誕生以來，我就開始觀察這一新事物。發展到如今，我認為它是順應行動社交時代潮流而產生的一種商業形態，漸漸根植於人們的商業行為中，並已成為一種商業趨勢，不是誰想阻攔就能阻攔住的，所以，它不會輕易消亡。而且，隨著行動網路的發展，資訊壟斷與資訊不對等將逐漸被打破，微商將帶領人們進入一個去中心化的商業未來。

微商的定義

　　「微商」一詞原本是由速度問題和切線問題抽象出來的數學概念，又稱變化率。但在今天，我們說微商的時候，大概沒有多少人能想到數學，它在人們印象中就是隨著社交媒體

第 1 章　微商進化論：後微商時代，微商 2.0 引領新的藍海時代

的崛起而崛起的一種商業存在。然而，直到如今，也很少有人能說清基於社交平臺而出現的微商到底是什麼？

有人認為首頁賣貨就是微商，也有人認為微商城等就是微商，然而，透過分析和總結多方觀念，我認為這些定義僅僅只是微商的狹義代表，真正的微商應該是企業或個人基於行動網路，利用社群媒體行銷的新型電商，即行動社交電商。

鑑於行動社交內部屬性的不同，微商可以分為兩類模式：一類是以官方帳號為平臺的 B2C 微商模式；另一類是以朋友圈為行銷對象的 C2C 微商模式。

B2C 微商模式和 C2C 微商模式的發展狀態

C2C 微商目前有近 2,000 萬個，但因其對首頁生態的破壞，反而不如數量不到其一半的以企業為主的 B2C 微商為官方待見。深究其原因，其多種弊端帶來的是一種病態的商業交易模式。

1. 以朋友圈為陣地的 C2C 微商，多數為代理，不自產商品，對產品的品質把關存在難度，很容易導致其所推銷的產品存在品質問題，出現以假亂真的現象。僅這一點就不只是官方不待見，其朋友圈也深感厭惡。

2. 首頁的推廣方式，以頻繁洗版為主要手法，一方面破壞了社交生態，帶來極差的使用者體驗，這種現象的存在，會導致許多接收對象舉報從而被官方停權。
3. 雖然社群媒體以熟人為社交基礎，但在交易鏈上，買家處在虛擬的網路之中，缺乏對實物的直觀感受，這就導致了買家對賣家的信任缺失，又由於 C2C 的個人對個人交易，缺乏商品交易中應有的保護權益機制，為買家帶來了無保障的交易體驗。
4. 由於不自產商品，透過代理實現經濟利益，發展代理成為多數 C2C 微商的盈利管道，這樣就會導致層級代理過多，產品同質化現象嚴重，將使用者的選擇權降低，這大大違背了如今這個商品極大豐富的物質時代消費觀。
5. 最後，透過各種行銷手法，產品賣出去了，但是社群媒體的私密封閉屬性也難以建構精準有效的客戶管理體系。

因為占據前端的 B2C 微商一般是有實力的廠商、品牌商或供貨商，他們有一個完善的基礎交易系統，從購買到物流、評價再到保護權益都有一套完善的機制，在產品和服務上能夠實現基本的保證及全程管控，這樣就解決了起碼的信任問題，使使用者能夠放心購買。

另外，他們能夠利用官方帳號更深入地做到 SCRM 客戶

第 1 章 微商進化論：後微商時代，微商 2.0 引領新的藍海時代

關係累積，有統一的客戶管理系統，而這在行動電商的發展中越來越重要，不僅有助於建立大數據營運機制，而且能夠及時地洞察消費者的需求，提升精準行銷的效率。另外，還能打通商品與服務、現有會員與潛在會員、線上線下之間的連線，提升經營粉絲的效率。

除此以外，B2C 微商還能夠利用第三方平臺實現行動社交的去中心化入口和流量的匯聚。所以，我認為 B2C 微商模式將是微商發展的未來。

為什麼朋友圈微商會走向沒落

微商的走紅，不得不歸功於首頁賣貨和代購；然而也正因為如此，微商在朋友圈的泛濫帶來亂象叢生，從而導致大家對微商產生越來越偏頗的理解。正是這些亂象，將朋友圈微商推向沒落的深淵，如圖 1-3 所示。

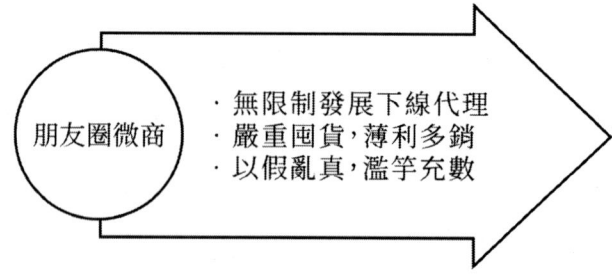

圖 1-3 朋友圈微商沒落的 3 個主要原因

1. 無限制發展下線代理

層層代理的興起，讓不少人認為微商走的是「傳銷」路線，而有的微商也確實是透過無限制發展下線，從層層代理中獲取暴利。那些號稱「月入百萬元」的微商，他們的利潤累積，並不是透過產品流通，而是透過發展層層代理來實現的，賺取的是層層代理的錢。

他們往往只需要往推廣的產品上貼個牌，輔以奪人眼球的照片，透過社群媒體大肆傳播，販賣故事和情懷，層層代理就在這中間界定，賺錢之事便悄無聲息地完成了。

2. 嚴重囤貨，暴利多銷

透過對首頁販賣的產品進行分析，發現首頁賣貨有兩個取向：非標準化產品居多，唯低價是取。這些產品通常具有利潤高或需求旺的特徵，而且透過與廠商協商，往往能以較低價格進貨，之後，要麼是暴利多銷，要麼是薄利多銷。但這跟囤貨有什麼關係呢？這就又要回到發展代理上來說了——囤貨才能更好地做代理。

使微商囤貨的狀態有兩種，一種是暢銷產品或暴利產品直接囤貨，做代理；另一種微商是抱著試試的心態先做代理，有利可賺之後再轉囤貨做代理。

第1章 微商進化論：後微商時代，微商 2.0 引領新的藍海時代

3. 以假亂真，以次充好

朋友圈微商，往往以小、散、亂為特點，較 B2C 微商模式缺乏完善的交易機制和保護權益機制，因此朋友圈微商容易出現以假亂真的現象。這些我們可稱之為不良商人的微商，通常他們會巧妙地利用網銀轉帳截圖軟體、對話軟體、PS 修圖等工具，晒經營成果、交易數和交易額，製造視覺衝擊，甚至稍微有點規模的微商還會找明星代言，營造一種「供不應求」的虛假感覺，混淆人們視聽，造就代理賺錢的「事實」，挖坑誤人。

微商為何沒有想像中那麼好做

微商發展到今天，似乎給人們造成了一種坐地生錢的感覺，很多人認為微商就是簡單地在首頁做產品推廣，無須像 PC 端電商那樣需要投錢裝潢店面、進貨、發貨，然而，事實是這樣的微商只能賣面膜等化妝品和服裝等產品。因為，無論是 PC 端還是行動端，商品交易的本質仍舊是傳統上意義上的，並沒有改變。

1. 貨源決定銷售產品品質

高品質的賣家，他們往往也需要找高品質的供應商，這就決定了高品質的貨源一般不是輕易就能拿到的，所以，在

朋友圈裡，出現層層代理也是這個原因 —— 只能透過別人手中的貨源來進行分銷，而這樣也就導致產品同質化的同時，產品品質也處在一個劣質和廉價的境地當中。

2. 賣家的局限性

社群媒體的賣家主要以個人為主，且多數將經營微商當作輔助經濟來源，只為追求短期利益，這就決定了他們思維的短視，導致急功近利的行為，其表現即為頻繁而不負責任的洗版，從而破壞了社群媒體的生態體系，導致信任不再。

微商不僅僅是在首頁賣貨，在我看來，微商一如一切經商，只有為客戶帶去精準有效的價值，才能贏得客戶的信任。所以，經營微商不能僅僅扮演一個售貨員，還要扮演好推薦及價值分享員的角色。

3. 品牌商並未進入朋友圈

朋友圈微商所經營的產品多出自聞所未聞的品牌，然而，由於目前資訊的不對等，為了將手中產品變現，他們往往會將這些名不見經傳的品牌包裝成高階的國際品牌。雖然會有一些「不明真相」的使用者在這種種蠱惑下衝動購買，但這樣的銷售行為類似於欺騙，僅僅只能獲得短期利益，而對於要長期發展的微商來說，這種行為還是一種釜底抽薪式的自我毀滅。

第1章　微商進化論：後微商時代，微商 2.0 引領新的藍海時代

微商發展勢不可擋

儘管微商存在著諸多問題，但我們也看到了它勢不可擋的發展趨勢，它背後的行動網路去中心化和流量匯聚的邏輯價值讓人堅信微商的未來是值得期待的。

1. 無論是 C2C 微商還是 B2C 微商模式，它們的存在方式即宣告了去層級、去仲介化的商品交易的到來

只要你用一種正確的方式去利用這種行銷管道，而不是停留在簡單粗暴地洗版賣貨方式上，不去騷擾使用者，而是實在地為使用者提供有價值的交易資訊，積極引導使用者去消費，隨著行動網路的發展，其前途是不可限量的。

2. 去中心化的行動電商正在崛起

如前文所說，行動網路的去中心化邏輯，正在引導人們轉變消費觀念和方式，而這種廠商與消費者面對面的交易也是一種雙贏的追求。那我們可以據此想像，去中心化的微商將是為人們帶來更加便捷地連繫人與商品、人與服務的管道，其帶來的消費紅利將是這個市場發展的遠大前景之一。我們可以說，代購的市場將非常廣闊。

3. 品牌商的到來，品管將會得到保證

各大廠商也開始陸續進入微商行業，他們的到來，不僅為

微商帶來了好的貨源,也帶來了成熟完善的交易機制和保護權益機制;在品牌商對品質進行有效的控管下,成熟的微商一定會大規模地發展起來。而未來微商的發展模式也會從 C2C 的個人微商逐漸走向以團體機構以及企業發展的 B2C 微商。

4. 基於社群媒體的信任經濟的需求

雖然網路購物為大家節約了很多逛街選商品的時間,但是其海量的 SKU 仍然是阻礙消費者便捷購物的一大因素,且網路上的產品同質化競爭日益加劇,其後果是各個賣家在追求利潤的驅使下,在店鋪銷量及商品評價上都開始大量作假。而基於社群媒體的微商,雖然不如 PC 端網購平臺那樣的物產豐富,但它是一種在信任中發展出來的分享經濟——先有信任,後有分享。

在這個粗製濫造時有出現的時代,基於社交而建立的朋友之間的信任將會加深人們對產品的信任,而許多人也都喜歡透過朋友推薦來進行消費。今後,透過分享和推薦產生的商品交易將會越來越多。

去中心化的微商時代到來

網路預言家凱文・凱利在最近的一次演講中提到:「未來世界會不斷在科層體制中去中心化,分享和移動化將是趨

第 1 章　微商進化論：後微商時代，微商 2.0 引領新的藍海時代

勢，創新將來自前沿和邊緣。」

　　隨著行動網路的進一步發展，微商的去中心化，會使消費者在未來擺脫購物平臺，徹底打破目前資訊壟斷與不對等的局面，人人都可以成為微商平臺。而基於社交產生信任關係及情感連繫的微商平臺，將會透過交流互動、分享推薦與社群價值導向等方式，促進商品交易的進一步實現，微商作為一種行動社交電商的發展模式將成為可能。

微商 1.0 到微商 2.0：
新商業環境下，微商的轉型與進化

任何一個新生事物的興起與發展都會經歷一個備受爭議的過程，以星火燎原之勢興起、發展的微商自然也逃不過這個命運。業界人士對其發展前景褒貶不一，有人認為微商會如傳統電商一樣引領時代風潮，也有人認為微商就像是傳銷的代名詞一樣，前途堪憂。然而，不管評價如何，微商經過了披荊斬棘已然從爭議的夾縫中發展成為了行動電商時代的主打歌。

其實，也難怪有人不看好微商的前景，實在是因為微商在興起之初著實「瘋狂」，各種商品在首頁鋪天蓋地地泛濫著，還有不少商品出現造假現象等等。幸而微商並沒有一直瘋狂下去，在經歷了一系列的挫折之後，終於漸漸冷靜下來，回歸理性了。

2014 年，微商在爆紅與飽受爭議之間步履蹣跚地走過了一年，有的盆滿缽滿，有的卻空手而歸。那麼未來幾年，微商又會有怎樣的發展呢？微商發展趨勢如圖 1-4 所示。

第 1 章　微商進化論：後微商時代，微商 2.0 引領新的藍海時代

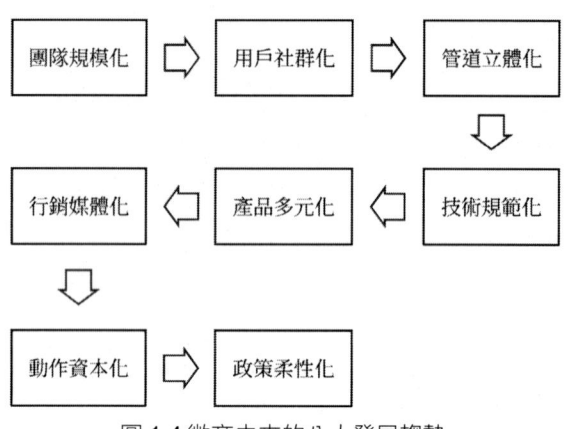

圖 1-4 微商未來的八大發展趨勢

趨勢一：團隊規模化

　　最初，微商是活躍於社群媒體的個人商業行為，以不斷地發送產品圖片和介紹為主，之後因頻繁洗版而引起大眾的反感。可能是嘗到了甜頭，越來越多的人加入到了微商的隊伍，於是首頁滑到的微商越來越多，滑到的產品卻越來越趨同，所以競爭力越來越弱，漸漸地就被淹沒在微商的潮流之中。

　　或許正是因為競爭的激烈，各自為戰的個體微商的創業之路越發艱難，由此也激發了團體作戰方式的崛起，韓束等品牌採用的集團作戰使他們在市場上擁有了一定的競爭力的同時，也加劇了市場的競爭形勢。

　　誠然，在激烈的市場競爭中，採取集團式作戰或是相互組

團的方式來提升自身的競爭力是較為可取的，但是在如今的形勢下，微商團隊實現規模化也並不意味著不會有陷阱存在。

絕大多數微商的交易模式還停留在傳統電商時代，這對於其發展是很危險的，在產品得不到網路化之前，微商的發展前景實在堪憂。所以團隊規模化既是一種機遇，又是一項挑戰，能否在微商大軍之中贏得先機還需把好微商的脈。

趨勢二：使用者社群化

微商這種經濟活動畢竟是依託於行動社交而存在的，其首先面對的就是與之有著共同或類似興趣愛好的同好，以及在情感上可以產生共鳴的朋友，而這些就是社群化得以建立的一個基礎。

這種社群化不像那些著名的官方帳號那樣有著強大的使用者基礎，也不像那些公眾人物一樣有著強大的影響力和號召力，但有著自身「小而美」的優勢——既可以成為流量的一個入口，又能夠靈活地變換新的方式。所以，它能夠將品牌透過口耳相傳的方式傳播出去，還能夠將商家之間以及與使用者之間的資源進行置換。

行動社交不能夠脫離社群而存在，微商的發展自然也需要倚仗社群，同時也會受到社群的制約。社群在擁有獨特優勢的同時，也有著難以克服的劣勢，那就是固化和中心化，

而這兩者正制約著微商的進一步發展,使得微商不能夠更廣泛地拓展商品種類。在 2015 年這個微商發展十分關鍵的年分裡,掙脫社群劣勢的桎梏,使之可以進行裂變式傳播,是十分重要的。

趨勢三:管道立體化

儘管現在微商還是在一個相關制度不健全的條件下發展,但是已經逐步邁向專業化了。而在這個走向專業的過程之中,與之相伴的還有管道結構的立體化發展。

微商,有望建立成一個系統化的發展模式,各個流程的參與者都將被納入這個系統之中,並進行有機結合。屆時,無論是廠商、批發商,還是零售商、代理商,甚至包括消費者,都將置於一個有機、有效的良性發展環境之中,而微商的管道網路也將會進行高效率運作,還能夠將微商從壓貨的壓力中解救出來,讓他們可以免除後顧之憂地向前發展。

去仲介化是一項偽命題。尤其是對微商而言,一旦平臺真的去中心化,好不容易開始走向規範的微商市場就會被擾亂;而去仲介化更是不可能,因為那意味著資訊不對等的情況會被消除,而微商本就依靠資訊不對等來盈利。

趨勢四：技術規範化

微商雖然有多種表現形式，但是首頁賣貨一直占據著大眾的主要視線，並一度成為了微商的代名詞。當曾經席捲了所有人首頁的洗版賣貨不再適合微商的發展，微商就需要尋求更適應自身發展的規範與需求，這時就需要技術來提供幫助了。在微商目前的交易流程中，存在著的亂僅使消費者望而卻步，也使得商家極為頭痛，而使用技術手法來進行規範和調整就是所謂的技術規範化了。通俗地說，就是使用一定的技術手法，建構微商新的活躍平臺。

儘管技術規範化是解決問題的一大利器，但並不容易實現。當前的微商畢竟還處於蹣跚學步的階段，自身能力不夠強大，無力面對技術規範帶來的高成本，所以要麼選擇依附平臺，要麼選擇第三方發展，別無他法。這同樣也有風險——如果監管得當還好，萬一監管不利，購物平臺早期的困境就會重演。

趨勢五：產品多元化

很多人都將微商與購物平臺視為同一種類型的電商，只不過是平臺與營運手法有所不同而已，看上去的確如此，充其量再多一個行動電商與傳統電商的區別。

第 1 章　微商進化論：後微商時代，微商 2.0 引領新的藍海時代

其實，這種認知是不正確的，因為微商在產品的多元化方面與購物平臺有著很大的不同，它更適合做非標準化產品的銷售。所謂非標準化產品，是指那些根據使用者自身的需求來設計製造的產品。在這個彰顯個性的時代裡，小而美的產品持續成長，有著獨特風格以及明顯差異化的產品極受大眾歡迎，尤其是年輕一代的歡迎，而微商的主要閱聽人群體也正是這批年輕人。而非標準化產品能夠最大限度地彰顯個性化，更是得到了諸多年輕使用者的青睞。

財經作家在演講時提到，在未來的商業世界中，一切品牌都將人格化。簡單來說，就是將品牌賦予人的特性，品牌的格調與情懷等彰顯出與眾不同的差異化。其實，這也屬於產品多元化的一種。可惜，如今的形勢下鮮有人能夠真正做到這一點。

趨勢六：行銷媒體化

微商活動能夠順利進行的基礎是信任，其交易的本質也在於信任二字。所以說，在這一點上，微商和傳統電商並沒有什麼不同，只能說信任的比重可能會稍微高一些。但是，除此之外，其他都有所改變。

在傳統電商時代，消費者都是有了一定的需求才會選擇

購買,與商家之間就是簡單直接的買賣關係;而在微商時代,消費者首先是對商品有了一定的認知,然後根據是否感興趣或是需要再決定是否購買。

一直以來,對於電商來說,沉澱使用者是其發展的關鍵。從這一點上來說,經營得當的話,微商基本上可以做到,那也就意味著行銷和傳播等手法必須要跟上。只要產品有著足夠的亮點,不管是有情懷也好,有溢價空間也好,都能夠透過社群或粉絲的力量充分地傳播出去。

在微商的行銷方式中,最節約成本的莫過於行銷媒體化,主要是利用媒體思維來武裝微商的行銷活動,這無疑是最為簡單而效果卻最為明顯的方式之一。

比如,助力思維,這是屬於病毒式傳播的一種思維方式,主要是透過朋友之間的分享來實現快速傳播,從而達到全民關注的目的。微商所依託的社群平臺,本就是一個盛產內容的平臺,就看誰能夠抓住這一點來進行充分有效的傳播了。

趨勢七:運作資本化

在 1,000 多萬的微商之中,雖然不乏團體作戰的集團式賣家,但各自為營的散戶還是占據大多數,規模效應只是初見雛形,真正達到一定影響力還尚需時間,如今的微商世界

第 1 章　微商進化論：後微商時代，微商 2.0 引領新的藍海時代

還屬於混戰階段。然而，資本根本等不到建立好秩序再進入微商領域。隨著資本越來越多地注入，微商市場的混戰會越加激烈，市場最終會走向何方，誰也不能保證。

所以，面對風口浪尖上的微商，有人看到了商機，有人卻看到了泡沫。但是，商機轉瞬即逝，新生事物的發展也都有著撲朔迷離的階段，只有去嘗試，才能找到答案。

趨勢八：政策柔性化

微商，已經站到了命運的十字路口，其發展極須政策法規的制定與完善。大眾將微商的行銷視為傳銷並不僅僅是誤解，事實上，有些微商的行銷手法已經在向傳銷靠攏了，如果沒有一定的政策法規加以規範，極有可能造成嚴重的後果甚至危及社會。

所以，國家必定不會袖手旁觀。而即便沒有向傳銷的方向發展，微商也存在著一些惡意行銷的手法，這勢必會對社群媒體的聲譽造成一定的損害，平臺官方也一定會拿出相應的措施來進行整頓。面對這一情況，無論是國家還是官方，都不會制定太過嚴苛的政策，反而會向柔性化靠攏。這是因為，作為一種新型的商業體，微商能夠促進就業並帶動創業，對社會安定來說同樣有著不小的貢獻，而社群媒體的活

躍也在相當程度上依賴著微商。

其實，平臺使用者應該早就發現了，廣告已經悄悄地出現在了大家的首頁，是官方以「平臺團隊」為名發出的。當然，使用者可以根據自己的喜好來選擇看與不看，感興趣者可點選「檢視詳情」來了解詳細的廣告內容，而不感興趣者則可點選「我不感興趣」來拒絕接收此類訊息。且不說平臺廣告能為官方帶來多少盈利，它的出現已然證明了官方對微商政策的柔性。

我們並不知道，政策的柔效能夠將微商推向哪一步，但我們知道，未來面對的微商，將會是一個可以放心交易的制度完善的購物平臺。

第 1 章 微商進化論：後微商時代，微商 2.0 引領新的藍海時代

圈人、圈地、圈錢：微商 2.0 時代，建構良性的微商模式

　　微商的興起，伴隨著褒貶不一的眼光。褒的是它基於社交平臺帶來的新型商業模式和大量微商在財富中的崛起，貶的是它興起的方式 —— 層層代理，這種類似傳銷的手法，帶著商業模式後退的意味。另外，微商在首頁的頻頻洗版也是為人們所詬病的一點，為微商的擴大帶來了不小的阻力。

　　那麼，微商要具體怎麼做，才能充分發揮社交平臺優勢，恰到好處地完成圈人、圈地和圈錢呢？其關鍵還是在最佳化經營理念。那麼如何來改善才能達到良好的效果呢？在透過分析對比目前微商的發展模式、行銷手法等之後，可以從圖 1-5 所示的 6 個方面進行思考。

建構良性發展模式

目前,微商的發展模式主要有層層分銷微商模式、直接賣貨微商模式、平臺模式、O2O 模式。隨著這幾種模式的不斷深入發展,粗放式的經營局面將逐漸改變,微商會呈現出以下幾大轉變。

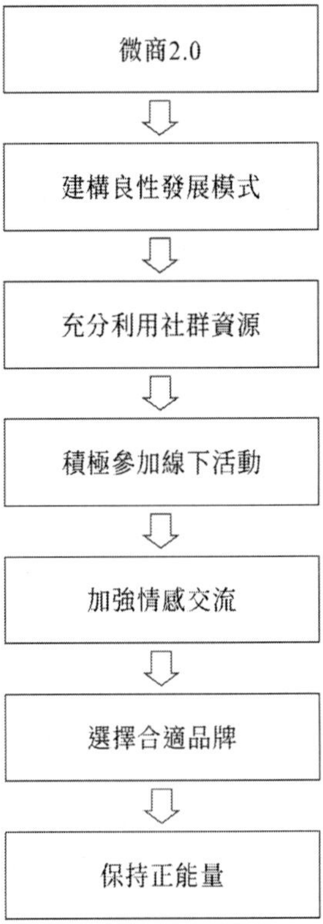

1. 朋友圈微商將更新為平臺微商

2014 年社群媒體的擴展成就了一批化妝品等領域的微商,但風光的背後,頻繁洗版和瘋狂的層層代理商應徵導致人們噓聲不斷。這種行銷方式,在以私密性與強互動性著稱的軟體中顯得既簡單且粗暴,僅從使用者體驗上來說,未來這樣的洗版模式將被淘汰。

圖 1-5 微商 2.0 時代的主要發展策略

（微商2.0 → 建構良性發展模式 → 充分利用社群資源 → 積極參加線下活動 → 加強情感交流 → 選擇合適品牌 → 保持正能量）

也正因為如此,在早期朋友圈紅利期過去後,平臺微商開始興起,為人們的平臺購物提供了更好的購物資訊和體驗。目前,已有大部分微商開始轉型,擁抱平臺微商。

2. 個人微商將轉戰團隊微商

這基本是一個沒有爭議的轉變。目前的微商,深刻面臨著產品同質化和行銷管道單一化的問題,僅靠低價優質已不能滿足市場競爭。為爭奪有效客戶,實現遠大發展的目標,必然要求微商要組建自己的團隊,從各個方面來提升自身行銷能力,從而實現利潤增長。

3. B2C 微商模式崛起

微商的風生水起,吸引著越來越多的傳統品牌入駐,這些傳統品牌背後都是企業級的團隊,它們的到來,將會推動 B2C 微商模式的發展。

這種從企業直達消費者的微商銷售模式,有著較大的優勢,無論是貨源、管理還是交易,它們都將給予消費者信心保障,也在產品和項目選擇能力、計畫性推廣、系統的活動策劃及售後保障上為加盟的微商提供支持,並且可以依靠平臺來進行規範和管理。

4. C2C 微商模式的深入發展

面對微商，好友的評價和推薦在人們的購物決策中越來越重要，這也是微商能夠迅速崛起的原因之一，所以，C2C 的模式還將獲得深入發展。

這種以個性化和精準推送為特點的電商導購型 App，立足於人人都可以在其中開店的訴求，開發出直接賣產品或者抽取佣金的微商執行模式，這也是一種較良性可持續的模式。

充分利用社群資源

隨著微商的發展，「社群經濟」這個詞漸漸熱門起來，不亞於「粉絲經濟」，它與「粉絲經濟」一樣，其關鍵都不在「經濟」二字，而在於「社群」，是 「社群」帶來「經濟」。而社群的核心價值就在於為會員提供有效價值，有價值的社群才有生命力。

目前，微商社群主要有兩種類型。

1. 明星式社群

這類社群主要積聚一些高手、大咖，這類人能言善辯，觀點犀利，常常能引起轟動的話題。

2. 服務型社群

第 1 章　微商進化論：後微商時代，微商 2.0 引領新的藍海時代

這類社群多屬專業領域，以分享和互助為目的，將有價值的外部資源分享到社群內來對接內部資源。

然而，無論是哪種類型，在社群中，透過貢獻資源、資訊和智慧來獲得社群的認可，都是玩轉社群的象徵。當然，這樣的貢獻不是免費的，我們從中同樣也能獲得回報，比如社群中的某個會員可能會因為你的資訊共享而成為你產品的代理，或者因為你們在價值觀點上的一致而成為事業合作人，更有甚者，或許僅僅因為你常常對一些事情發表的睿智觀點而成為某個企業發展的顧問或者說智囊團等等。

在這個網路時代，在這個講究「抱團取暖」的社會，發展好社群關係，就等於發展了你的網路人際資源，社群不僅能給你精神支持，也能給予你物質支持，當你的社群不斷發展壯大之時，也是你的微商之路越走越好之時。

積極參加線下活動

前文說到這是一個「抱團取暖」的社會，隨著微商群體的不斷發展和壯大，僅僅靠著網路的連線已不能滿足人們交流的迫切願望。

2015 年，微商的線下活動越來越多，現場也都非常熱鬧，那種熱鬧的交流場面，只有深入到現場才能感受到的激

情澎拜的氛圍，這是網路所不能代替的。俗話說得好，「線上一千年，不如線下見一面」，所以建議大家多去參加這些線下活動，與同行面對面交流，不僅能累積人際資源，還能順勢借勢擴大自己的影響。

參加這些線下活動、累積人際資源的同時，也是你一次免費學習知識和別人成功實操經驗的機會。所謂人際資源即財脈，多看多問多學，在這些下線活動中你總能從別人身上見識到、學習到東西。

而所謂及時順勢借勢，就相當於要學會在這些線下活動中為自己增加行銷資本，這一點對於團隊微商尤其重要。

聚會，這種古老的訊息交流場面，千百年來仍然發揮著連線人們的積極作用。透過聚會，面對面地交流，不僅能增強彼此的信任感，也能增進彼此的情感交流，從而增強人們之間的連繫，誰說不能將你們共同的事業奮鬥目標更加緊密地綁在一起呢？

選擇合適品牌

在商品交易中，人們最看重的莫過於產品的品質，最痛恨的莫過於假冒品。就在前不久，一則某微商因為賣假貨而被判處有期徒刑 3 年的新聞，在首頁被大量分享，分享者中

第 1 章　微商進化論：後微商時代，微商 2.0 引領新的藍海時代

不乏做微商的朋友。

所以，無論是已在做微商的朋友，還是準備做微商的朋友，都要擦亮眼睛，選擇品質禁得起嚴格考驗的產品，更直白地說就要是要選擇對的品牌，因為我們不能決定生產環節，那就只有選擇好的品牌。

目前透過微商管道銷售，占比超過 30％的產品越來越多，尤其是化妝品，有的品牌透過微商管道銷售，甚至超過了 90％。所以，如果沒有一個好品牌做強而有力的支持，在當前嚴峻的同質化產品競爭形勢下，很容易就會被同行蠶食掉生存空間。

保持正向

正如前文所說，微商的發展漸漸迎來了轉變的時機。無論是千億元商機還是膨脹的泡沫，微商在外界褒貶不一的情況下走到今天，各種心酸大概也只有微商們才有真正的切膚體驗。

作為新事物，微商不僅需要外界更多的理解和支持，持續不斷地給予他們鼓勵和信心，也需要微商從業者們能夠堅定自己的腳步，知道自己的路在哪裡，知道自己的路怎麼走，保持一顆正向的心。

微商在短短一年時間裡就擁有了超過 1,000 萬戶賣家，發展迅速。這也讓人們樂觀地認為作為行動網路高速發展下的創新產物微商會創造一個投入更小而發展更快的商業發展模式。

微商 2.0 平臺模式：第三方店鋪＋朋友圈＋官方帳號

基於社交平臺發展起來的微商在經歷了星火燎原般的發展之後逐漸沉寂了下來，原本「矯健」的步伐也變得蹣跚起來，尤其在近期，微商彷彿走進了一條「死胡同」，其代理模式的「深坑」已經突顯，層級已經達到了個人級，作為微商團隊裡的「正規化軍團」——品牌微商也有了退場之意。如果微商整個行業不想就此沉寂的話，轉型是當務之急，而平臺化遷移已勢在必行。

既然如此，那些微商平臺必定會在接下來的日子裡有所行動，探索轉型之路。此時，誰能夠抓住這一機遇順勢助微商轉型，並將之納入自己的營運體系之中，誰就能夠在將來的行動電商市場上占據有利地形，在即將到來的大洗牌中站穩腳跟。

那麼，在如此形勢之下，活躍在市場上的諸多微商第三方平臺，誰能搶得先機並脫穎而出呢？

重塑行業信譽是關鍵

現在看來，微商的發展歷程頗具戲劇性，其興彷彿在一夜之間，其隕落也幾乎是在瞬息之間，繁榮之時被各方追捧，落敗之後被多方詰責。而這種像坐雲霄飛車似的驟然敗落也並不是毫無來由的，究其根本原因有二：一是沒有足夠力度的信譽監管，以至於出現了假貨泛濫的現象；二是層層代理的發展過程沒有限制，常被指認為傳銷，令人談之色變。於是，在這兩記重拳打擊之下，微商可以說是命途堪憂。

如今微商的市場環境已經十分慘淡了，又受到了部分不良微商的拖累，消費者對其已經有了牴觸防備之心，轉型之路其實並不好走。雖說目前平臺化遷移是趨勢，但擺在眼前的兩大根本難題也不是那麼容易就能解決的，一旦解決不好，微商的命運走向不言而喻。

也就是說，要想搶得微商第三方平臺的未來之戰的先機，就必須抓住決定戰爭成敗的關鍵點，前文所說被不良微商所累的「信譽」就是這個重要的關鍵點。當然，僅僅抓住是不夠的，還需要制定出解決這一關鍵點的有力措施，如此才能在未來的商戰中占據領先位置。所以，逐步建立起信譽是第三方平臺迫在眉睫的重要任務，在此基礎之上才能夠促進微商的轉型。

第 1 章　微商進化論：後微商時代，微商 2.0 引領新的藍海時代

平臺需要幫助小微商引流成長

　　席捲社群媒體的行為與無限制地發展代理使得微商一直都被大眾所誤解，大多數人簡單地認為微商就是首頁賣貨，只需要不停地發文，甚至有不少人將微商誤解為是傳銷，其實這主要是源自於微商從事的商業行為的特殊性。

　　在微商從事的商業行為中，依託的社交網路僅僅作為一個工具而非平臺基礎而存在，微商若想將貨品賣出去，需要自己去打造並獲得流量入口。也就是說，引流的重任需要微商自己去承擔。

　　其實，社交網路上的商業行為由來已久，在「微商」這一概念還未出現之前就已經存在了。那時，引領這一行為的主要是那些社交網路上的社群達人以及 KOL，在此方面，擁有大量粉絲的他們彷彿有著天然的優勢，而雙方之間也有著信任基礎。然而，這並不能夠成為社交網路商業行為的主流，因為社群達人也好、KOL 也好，都不是普遍存在的，主流還是那些並不具備這些優勢的普通人。

　　但是，這些社群達人和 KOL 的粉絲並不是憑空出現的，而是有著長期的累積過程，所以，我們現在才能看到他們振臂一呼響應者眾。身為普通人要做微商的話，面臨的最大問題就是如何才能在最快、最短的時間內累積起那些社群達人

和 KOL 花費了幾年才聚集起來的粉絲量。除非是此方面的營運高手，否則這個問題是幾乎不可能得到解決的。

可是，事實證明，這看似無解的問題還是被微商們另闢蹊徑解決了，他們是怎麼做到的呢？首先就是對早期從事朋友圈行銷的微商進行包裝，塑造出一個個快速致富的成功典範，再將這些故事透過社交媒體傳播出去，營造出一種傳奇效應，最終使得整個社交網路都隨之沸騰。

作為一種行動社交電商，微商絕不只是首頁賣貨這麼簡單，所以，它勢必會走向平臺化。但是，這仍然不能夠解決困擾微商多時的流量問題。傳統微商主要活躍於朋友圈內，那時獲得流量入口需要自己努力，而今平臺化遷移使之有了正規的移動網店，但如何獲得流量入口的問題猶在。在此形勢下，第三方平臺可謂任重而道遠。

目前，小商家在購物平臺體系下的生存已經更加艱難，如果沒有足夠的經濟實力去參加各種活動，就幾乎得不到任何流量支持，無奈之下，電商只得另尋生路，開始向微商轉移。第三方平臺若能解決這一關鍵問題，那麼平臺化遷移才有意義。

分銷體系 VS 代理模式

之前，微商無限制地發展層層代理的行為被妖魔化，被認為是一種傳銷，所以，各類第三方平臺都吸取了教訓，致

第 1 章　微商進化論：後微商時代，微商 2.0 引領新的藍海時代

力於改善這種情況，並建立起分銷體系來轉移大家對代理模式的注意力。事實上，這是回歸了體系的本質，因為被大眾所誤解了的代理模式本身並沒有不妥之處，只是在龍捲風般的發展中走偏了軌道而已，究其根本也不過是一種異變的分銷模式。

在傳統的分銷模式中，線下的實體店雖然有著各種成本的投入，但畢竟是落地的，只要能夠保證產品與服務品質，選址得當，再佐以適當的宣傳，前景還是非常可觀的。但依託於社交網路而生存的微商就不同了，儘管它並沒有房租、裝置等成本投入，卻是懸在半空中落不了地的，如果社交網路上的消費者不買帳的話，只能落得個穩賠不賺的下場。

其實，說來說去，還是回歸到了流量入口這一關鍵問題上了。看上去，微商在社交媒體混得是風生水起，可實際上呢？且不說好友並沒有足夠多的人，就是真有了一定的人際基礎，能真正發展成商業關係的又有多少呢？即便是有相當一部分人實現了消費行為，你又能夠從中獲得多少收益呢？除非你能夠保證朋友圈大部分人能夠經常購買你的貨品，或者是你所銷售的貨品極為暴利。

當然，此種情況也不是絕對不會出現，但一般來說還是屬於理想化的狀態。絕大多數人的好友的人數都是非常有限的，就算是有上千人那也是陌生人關係，要完成銷售轉化是

相當困難的。另一方面，能夠真正拿到暴利的貨品的人必定不會很多，否則也不會出現大量假貨泛濫的情況，在這樣的情況下，想要以量取勝的話，好像除了發展代理也別無他法，所以，我們就看到了代理產品化在微商業內大行其道。

如今，事實已經證明，代理模式非但無法助力微商發展，反而成了其前進路上的阻礙，那麼回歸到本質的分銷體系就成了必然之選。然而，如前文所說，代理模式本就是分銷體系的一種異變，所以，分銷體系也難保不會發生再一次的軌道偏離，於是第三方平臺的監管就顯得至關重要了。

微商最終將走向社群

拋開目前微商業內繁雜的現象去追究其本質的話，我們會發現，其實微商並不像人們以為的那樣門檻很低，至少比之電商要高得多。在如今的行動網路經濟時代裡，最受大眾矚目的「場景」與「社群」其實才是微商的關鍵所在，也就是說，微商是在場景下發生的社群關係。

在傳統網路時代，重要的是平臺規則是否利於電商發展、店鋪設計能否吸引到消費者光顧，而不是需要耗費更多心思與精力去經營的社群關係。然而，到了行動網路時代，「場景」與「社群」的概念浮出了水面並漸成網路經濟的關鍵

詞，此時的微商彷彿無根的浮萍，沒有平臺支持，於是微商就需要絞盡腦汁地去累積人氣。而且，微商的存在是依託於社交網路的，所以，對社群媒體的營運就超越了產品等其他事宜，成為了微商的營運重心。所以說，做微商，最重要的不是推銷產品，而是營運社群媒體。

不過，做微商者眾，但擅營運者寡，此時第三方平臺的作用就突顯出來了，它可以為微商提供相應的解決方案以保證其社交媒體的活躍度與黏合性。

微商是基於社群平臺發展而來的，儘管我們一再強調微商並不等於首頁賣貨，但是微商與社群之間的天然連繫還是切不斷的。

綜上所述，微商若想在如今沒落的狀態中重整旗鼓，必須營造一個全新的三級模式，我們姑且將之命名為微商 2.0 平臺模式，如圖 1-6 所示。其中第三方平臺可為之提供店鋪以及自身流量支持，社群可為之提供分銷商以及忠實顧客，官方帳號則可為之累積並沉澱使用者。如此，成為一名優秀的微商自是不在話下了。

圖 1-6 微商 2.0 平臺模式

傳統企業＋微商2.0：行動浪潮下，企業如何嫁接微商2.0

微商作為一種新興的行業，聚集了大量的個體創業者，其群體規模之大是其他諸多行業所無法匹敵的；在這個由個體創業者組成的群體中，一致採用了最微小的個體行動電商，利用社交網路挖掘客戶，展開行銷和傳播工作。

同時，微商也是一群較獨特的群體，這些群體構成了一個行業，除了這些群體之外，參與微商的企業、供應商、設計以及物流等也都囊括在微商這個行業之內。

以上這兩種認知是人們對微商的一種普遍認知和理解，關鍵詞就在於微商行業和微商群體，原因在於這個群體的規模已經超過了1,000多萬人，而他們的行為也對幾億人口的生活帶來了改變和影響。因此微商受到社會各界的廣泛關注是理所當然的。

在我看來，這並不是微商的真正定義，要從根本上來理解微商還應該對之進行深入的研究和分析。

第 1 章　微商進化論：後微商時代，微商 2.0 引領新的藍海時代

深度剖析微商

行動網路的高速發展和社交網路的爆紅促進了微商的產生，它是新時代一種行之有效的微行銷模式，從根本上顛覆了傳統的行銷模式。在微商中，每個人既可以成為消費者，同時也可以成為傳播者和銷售者。這也是與電商以及傳統銷售明顯區分的地方。

1. 傳統管道可以看作是一條水渠

在這條水渠上具體有超市、零售店、商場以及連鎖加盟店等，它們都是一些物理空間單位，通常情況下只要占領了某個區域，這個區域的資源、消費者和收益等都可以歸占領者所有。產品或品牌在消費者之間傳播依靠的是口碑，依靠這些方式傳播時間較長，因此在傳統行銷中商家為了讓更多的消費者了解自己的品牌和產品，大多數利用報紙、電視等方式進行狂轟濫炸的傳播。

2. 傳統電商則像是一個線上的超級購物中心

線上平臺牢牢掌控著人流和資訊流，商家做的只是靜靜地等待使用者來瀏覽和購買，商家與消費者在完成交易之後，就會與消費者失去聯絡。在這種基礎上，消費者與商家建立信任的依據就是其他消費者的評價以及商品在網站上的排名。

此外，消費者對商品的傳播只能局限於評價，而不能擴散到平臺之外，因此這也就極大限制了產品以及品牌的廣泛傳播，使得搜尋和評價成為了電商的核心資源，平臺以及刷單商家成了最大的受益者。

3. 不管採用哪一種經營模式，每一個微商首先都是傳播者

雖然微商是由個體組成的，但是每一個個體所能影響的直接社交關係可以達到 500 人左右，而這個直接的社交關係透過對產品的分享還能進行二次和三次傳播。此外，微商也是一種行銷，是建立在透過社交網路所建立的信任關係基礎上的，這也是微商行銷模式與前面兩者的區別之一。

在微商模式下，需要人與人之間的連線，一對一建立信任關係，因此很多人容易將微商與傳銷混淆。傳銷模式也是一對一行銷，但是一對一行銷的並不一定都是傳銷。傳銷是利用人性的貪婪，用巨大的收益做誘餌，透過誇張地宣揚發財致富的言辭來鼓動更多人加入自己的行列，透過拉人頭、多層返佣的方式實現盈利。而微商模式並不是傳統意義上的傳銷。

微商自誕生以來就帶有行動電商的屬性，同時也是特徵較鮮明的社交電商。每一個個體既可以成為銷售者，也可以成為傳播者，這樣一來不僅可以幫助企業省去一大筆的廣告

第 1 章　微商進化論：後微商時代，微商 2.0 引領新的藍海時代

費，同時可以讓產品實現更快速的傳播。

微商模式天然需要大量聚集在一起的行銷者，因此就需要企業或者團隊來對這些行銷者進行整合，否則這些行銷者就難以形成巨大的凝聚力，促進品牌的傳播和銷售。

微商 2.0

隨著微商的不斷擴散和發展，微商也即將進入 2.0 時代。在我看來，微商 2.0 就是社交電商形成的一種狀態，其代表性事件就是傳統的企業和品牌開始邁入微商。之所以將其定義為微商 2.0，是因為傳統企業在進入微商之後，微商行業出現了一種新的遊戲規則，其主要特徵如圖 1-7 所示。

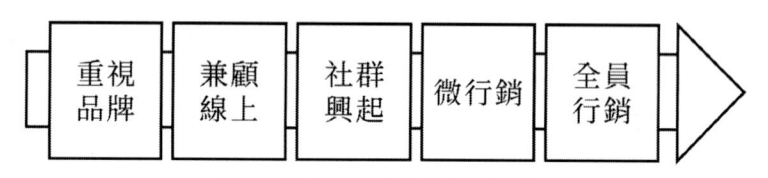

重視品牌 → 兼顧線上 → 社群興起 → 微行銷 → 全員行銷

圖 1-7 微商 2.0 時代的主要特徵

1. 傳統企業更加重視品牌

傳統企業經營的多是消費者品牌，在經過了多年的經營累積之後，有較高的品牌溢價，而微商上基本上都是管道品牌，因此傳統企業在進入微商行業之後會更加重視其品牌價值。

2. 傳統企業以線下市場為重點，兼顧線上

在網路發展所掀起的電商熱潮中，很多傳統企業開始轉型做平臺電商，但是轉型失敗的有很多，之所以會轉型失敗主要是因為線上和線下無法調和的矛盾和衝突。正是因為轉型的失敗，使得他們對線上行銷的利弊有了更深刻詳細的了解。因此它們在進入微商之後，仍然將重點放線上下，同時兼顧線上。

很多傳統企業在考慮和設計模式的時候都有這樣的考慮，我認為這種考慮是合理並有必要的，以線下為節點設計微行銷，會讓傳統企業更容易適應微行銷模式，從而實現企業的健康、長遠發展。

3. 社群興起

行動網路的發展也推動了社群的興起，不管是對傳統企業，還是中小企業和個體創業者，社群是其在新時代的一種有力的武器，社群也將成為未來社交電商實現突破的一把利劍，是微商 2.0 的一個重要特徵。

4. 微行銷成為一種基礎性的行銷配置

行動網路的出現打破了物理空間所存在的屏障，每一個個體都可以同時擔當生產者、銷售者、傳播者以及消費者的角色。而且未來的行銷模式也將會是一種網狀結構，掌握著

大多數的流量，而微分銷則會利用社交網路將這些平臺電商上每個商家的人流和資訊流實現重新分配和聚合。

5. 全員行銷

對於傳統企業來說，微商中能夠快速利用的行銷模式就是全員行銷，但是很多傳統企業並沒有弄清楚微商中的全員行銷與傳統全員行銷的區別。

傳統企業的組織是一種中心式和層級式結構，在全員行銷模式下，這種層級式結構就會被打散，變成一種節點化，企業的管理者和員工都會成為一個節點，產品生產——傳播——行銷——客服服務——市場回饋——再生產，整個流程將會變短，運作週期會縮短。這就要求企業應該具備較高的柔性製造能力，以便能及時適應市場環境的變化。

從目前來看，很多傳統企業已經邁進了微商行業，但是大多數仍然還處在觀望以及思考階段，關於行動電商的培訓已經非常熱門。而微商 2.0 的到來對傳統企業來說或許是一個良好的轉型契機，利用這些新機遇、新市場以及新模式，創造一種新的發展方式，以便緊跟時代發展潮流，在新的競爭環境中搶占一席之地。

微商生態之變：
從投資「KOL 店」看微商未來趨勢

一家電商成功獲得投資，一時之間，各大社群媒體都在討論這個「KOL 店」的電商。創辦人明星企業家的身分，使其進軍電商領域時備受關注，同時也鼓舞了普通的商家，紛紛試水。那麼，微商的發展前景真的廣闊嗎？

提起微商，普通消費者首先想到的是首頁頻繁的小廣告洗版，其次就是代購。而對於微商的看法，也是眾說紛紜。我認為，既然微商能引起商業大廠的注意，那麼它自身必然具備一些能夠成功投融資的價值，也意味著在未來的一段時間內，微商還會繼續發展。

為何要投資「KOL 店」

這個「KOL 店」將自身定位為「讓媽媽和自媒體人輕鬆開店的微商平臺」。它之所以將媽媽和自媒體人作為主角，主要有以下 3 點原因。

第1章　微商進化論：後微商時代，微商 2.0 引領新的藍海時代

1. 時間的碎片化為「KOL 店」提供了商機

行動網路時代，資訊趨於分散化和碎片化，而這也成為微商能否抓住商機的關鍵。對於利用平臺行銷的商家來說，時機是最重要的，在合適的時間向消費者推送訊息，更容易吸引消費者的注意。但對於「KOL 店」來說，背後操作資訊的人更重要。

2. 微商的信譽得到保障

「KOL 店」是由一些在微博或是某個領域有影響力的人經營的商舖，這就決定了「KOL 店」自創辦之初就擁有大量的粉絲，相比於其他微商，「KOL 店」已經擁有了客戶，利用「KOL」們的公信力來保證產品的品質，實現社群媒體變現。

3. 實現品牌效應與口碑效應

在一定程度上，社群媒體充當著企業的客戶關係管理平臺，將「KOL」聚集起來的粉絲統一管理，把粉絲變為固定的使用者，以便形成品牌效應和口碑效應。

「KOL 店」面臨的兩大難題

雖然「KOL」憑藉自身的影響力聚集了一批粉絲，同時使產品的品質也得到了保障，但「KOL 店」仍面臨著兩大難題。

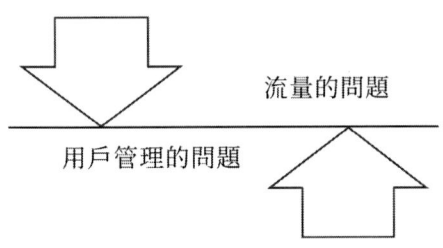

圖 1-8 「KOL」店面臨的兩大難題

1. 流量的問題

即使是在行動網路時代，流量經濟已經失去了市場地位，但對於微商來說，流量依舊是一個不可忽視的問題。「KOL 店」雖然可以透過社群媒體將忠實的粉絲變成潛在的使用者，但從長遠來看，還需要源源不斷地增加使用者，才能維持微商的經營。

2. 使用者管理的問題

雖然「KOL 店」依託「KOL」們擁有了大量的使用者，但如何管理這些使用者也是困擾「KOL 店」的一個問題。同樣是以社群媒體為平臺，但 「KOL 店」與官方帳號不同，它無法每天推送訊息給使用者，供他們學習分享；「KOL 店」以自媒體人為使用者對象，在一定程度上，他們對自己所行銷的產品理解還不深入，無法向使用者推送一些有趣的資訊。

此外，「KOL 店」是靠它的知名度與影響力來累積使用者

第 1 章　微商進化論：後微商時代，微商 2.0 引領新的藍海時代

的，而依靠這種方式來形成使用者黏著度和忠誠度也存在一定的難度。

微商生態的五大特點

隨著行動網路的發展，消費者的消費行為和消費習慣也逐漸發生了改變，由被動地接收商品的資訊轉為主動地獲取；同時，行動電商推出更加多樣化的商品，也讓消費者有了選擇的空間。

隨著行動網路的發展，社會逐漸趨於去中心化，消費者可以直接與商家交流溝通，回饋自己的需求。微商將呈現圖 1-9 中的五大特點。

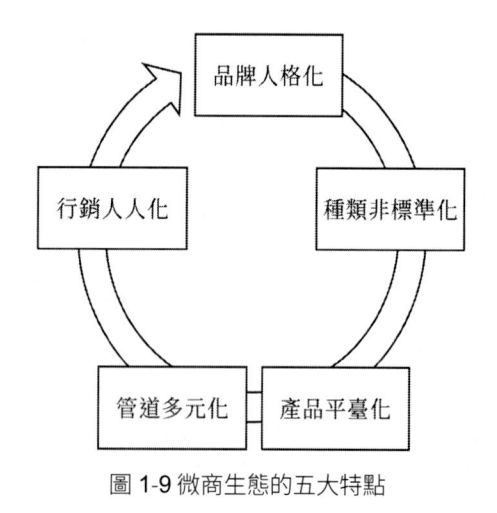

圖 1-9 微商生態的五大特點

1. 品牌人格化

所謂品牌人格化就是將品牌賦予人的情感，從而影響消費者對產品的理解和看法，拉近消費者與品牌之間的距離，促使消費者認同企業的文化，理解品牌的內涵，從而沉澱使用者，形成使用者黏著度和忠誠度。這意味著在粉絲經濟時代，使用者的消費行為已不再是單純地滿足需求，而是更加注重情感上的信任，使用者會因為明星或朋友的推薦而進行消費。小米手機和邏輯思維就是利用品牌人格化進行成功行銷的案列。

2. 種類非標準化

在行動網路時代，行動電商不再根據統一標準生產商品，而是根據自身需要製造產品和裝置。

3. 產品平臺化

行動電商行業中的平臺指的是打通產業鏈，將上下游連線起來，為行動電商提供服務。隨著各大行業湧入微商市場，致使競爭日益激烈，微商為了搶占市場資源，勢必深入挖掘產品的價值，帶動平臺也縱向發展，構成一個閉環商業生態系統。使用者的消費行為、商家的發貨、運輸、回饋等環節，都在這個閉環中進行。

4. 管道多元化

在行動網路時代，流量同樣占據著重要地位，尤其是在微商的行銷中，更是發揮著不可取代的作用。眾多的微商選擇臉書作為行銷平臺，關鍵是因為臉書是行動社交流量最大的入口，可以為微商聚集到更多的使用者。除了臉書之外，LINE、IG 等社交平臺也能聚集一定的流量。

5. 行銷人人化

隨著行動網路的發展，社會逐漸去中心化，人人都能參與到電商營運中來，消費者不再單純地被動接收訊息，反而主動地去傳播資訊。

基於共享的理念，會與親朋好友以及社群鄰居分享各種事物，如好玩的遊戲、優美的文章、感人的影片、動聽的音樂等，並隨著網路的發展，將這種分享行為延伸到線上，透過社交平臺與陌生人分享訊息。由於這種行銷方式成本低、利潤高、簡單可行，受到眾多微商的追捧。

C2C 或 B2C 或兩者並存

目前，微商主要有兩種行銷方式，C2C 模式和 B2C 模式。

以這兩種行銷方式為根據，自然地劃分了兩大派別：

C2C 派和 B2C 派。兩大派別各有優勢，不分上下。C2C 派憑藉著雄厚的企業基礎搶占市場資源，而 B2C 派則利用社交平臺聚合使用者流量。在未來，這兩種行銷將長期共存。

第1章　微商進化論：後微商時代，微商 2.0 引領新的藍海時代

傳統微商的轉型：「個性化＋訂製化」模式引領行動電商未來

現在提起微商，大家幾乎都對它耳熟能詳。微商已經深入我們生活中的各方面，尤其在這兩年，它的增長速度之快更是讓我們應接不暇。不過，微商在帶給我們各種便捷的同時，也出現了很多問題，如信任危機、服務品質、代理和下線等。就是在這種形勢下，微商一步步走到了今天。

然而，微商是只盛行一時，獲取當前利益，還是著眼未來，謀取長遠發展？不過，這條轉型之路不是一蹴而就的，而是在網路發展的過程中逐漸出現的。

資訊不對等的 C2C 模式難以長久

現在從事微商行業的人雖然有很多，但是真正掌握貨源，可以直接向供貨商拿貨的並不多。剩下的那部分人都是被微商的高額利潤或外界宣傳的微商的廣闊前景所吸引，懷著一夜暴富的心理跟風進入微商這一行業。

我們先不說商品的品質與來源，就單單從銷售模式這一點，我們也能看出其中的很多破綻。

網路的出現的確讓使用者對資訊的獲取實現了對稱平

傳統微商的轉型：「個性化＋訂製化」模式引領行動電商未來

等，商品的資訊與價格一目了然地擺在使用者面前，這就是購物平臺電商能獲取使用者信任與喜愛的重要原因。其實微商也完全可以透過行動網路與消費者直接連接，但現在所謂的「微商」是依附著網路電商而活，一級級的層級關係掩蓋了產品的真實資訊與價格。

比如，一件價值 100 元的衣服，供貨商定的零售價是 1,000 元，對衣服感興趣的人就可以做代理，代理價格為 500 元，代理拿到衣服之後有兩種選擇，要麼自己賣，要麼找下線。

如果自己賣的話，你必須有熟人，這就是所謂的熟人經濟。如果找別人賣的話，你就需要找到對衣服感興趣的二級代理，並以 650 元每件的價格賣給他。二級代理如果同樣賣不掉的話，只好再以 800 元每件的價格賣給三級代理，如此類推，四五級代理的利潤已經很小了，乾脆就留給自己或者送人了，於是一件衣服就這麼被「賣出去」了。

這就是一種典型的層壓式銷售，商家關注的重點不是把產品賣出去，而是如何營造一種吸引下一級代理的假象。由此看出，現在的微商就像埋在冰山下的火種，在媒體中難以看到，但盛行於社群中。輕鬆賺錢、一夜暴富的案例讓很多人心動不已。

這種虛無但看似美好的「前景」讓人們不禁想起十年前購

第 1 章　微商進化論：後微商時代，微商 2.0 引領新的藍海時代

物平臺剛剛興起的時候。但兩者有著本質上的區別，即一種是真實的，一種是虛幻的。

微商背後不可忽視的嚴峻問題

這樣一種零成本就可以開店的政策讓很多商家或個人躍躍欲試，但是由於各種體系還不成熟，品質無法得到保證，時常會出現消費者被騙的情況。

微商不在產品的服務和品質上下工夫，反而更加注重在社群的宣傳和下線的發展上，於是網上的產品類型幾乎千篇一律，品質更是良莠不齊。微商如果一直這樣下去，恐怕連自身都難保了。

可能轉型的方向：基於社交的個性化、訂製化服務

傳統電商靠商品的品質贏得使用者的信賴，品質好，使用者就會青睞。所以，傳統電商的每個商家都致力於打造品質卓越的產品，在品質禁得起嚴格考驗的基礎上，如果價格合適，就完全可以吸引客戶，創造銷售紀錄。再者，消費者也十分看重商家的服務品質。這就是典型的以商品品質和服務為中心的貿易，只是它的貿易平臺由實體店轉移到了網上。

而微商純粹是靠人際關係將商品賣出，此時的貿易就變成了以人為中心，可想而知，微商們自然就把重點放在了推

傳統微商的轉型：「個性化＋訂製化」模式引領行動電商未來

廣交際圈上，而不是商品的品質上。在行動網路時代，純社交平臺靠的就是人與人之間的關係，如果微商能夠保持與粉絲之間的關係，獲得他們的信任，商品就能賣出。

傳統電商注重顧客的流量和產品的銷量，只有不斷吸引客戶才能有好的銷量，所以，產品的品質就是核心。但是在微商時代，要想讓產品有一個好的銷量，你就必須維繫與使用者和粉絲之間的關係，讓他們不斷地從你這裡購買商品。有的甚至還可以發展成為下一級代理，這樣就形成了多層代理鏈條，這種情況下，人與人之間的關係就是核心。微商時代交易核心的轉移顯然造成了一種錯誤的銷售模式。

其實完全可以好好利用社交軟體，在擁有廣泛的人際關係的基礎上，把重點放在產品的個性化與產品的品質、服務上，然後為使用者、粉絲量身訂做符合他們需求的產品。只有這樣，微商之路才會越走越遠、越走越寬。

另外，在平臺提供的大量使用者和流量的基礎上，微商不僅要保證產品的品質，還要把服務做好。

不過，要想從產品的品質和服務上重整旗鼓，很多微商必然會被淘汰，因為他們中大多數不僅品質不過關，服務更是沒有做到位，像這種沒有實質內容的代理鏈一旦斷裂，骨牌效應即刻就會顯現，這不是對微商的恐嚇，而是即將迎來的微商轉型的真實狀況。

第 1 章　微商進化論：後微商時代，微商 2.0 引領新的藍海時代

微商也許會引領行動電商的未來

行動網路的快速發展為許多新興商業模式的產生提供了一個絕好的機會，但是，行動電商取代傳統電商是不可能一蹴而就的。從網路與電子商務的發展過程中，我們可以看出，事物的發展遵循一定的規律，任何違背規律的發展終將會被取代，或被迫轉型。如今的微商就是一個典型的例子，它極須從現在這種跑偏的模式中回到正軌，並建立一套完善的體系，規範以後的發展，否則，它的生命週期不會很長。

但是，我們並不能就此否定微商的未來，微商一旦能把產品的品質和服務做好，並極力完善監管體系，它很有可能在行動網路發展過程中展示出自己更強大的一面，引領使用者進入一個更加多元的行動電商時代。

第 2 章　微商＋：
連繫一切時代，
顛覆傳統微商模式的轉型路徑

第 2 章 微商＋：連繫一切時代，顛覆傳統微商模式的轉型路徑

贏在「微商＋」模式：微商 2.0 時代的四大發展模式

如今，「微商」一詞成為人們談論的焦點，無論是在行動網路技術中轉型的傳統企業，還是新型的企業，都瞄準了這一機會，想要在這一全新的領域大展拳腳。微商這幾年的發展也經歷了 C2C 代購到 B2C 平臺的轉型更新。微商從一種零售管道開發、朋友圈銷售的商業形態發展成了一種新型的去中心化社交電商。

接下來，從微商指數、地域分布、經營範圍、市場監管幾個方面對微商進行詳細的分析。

經過查閱多方公布的權威數據我們發現，微商規模較大的地區在思想較開放的地方，對新事物接受迅速，具有得天獨厚的地域發展優勢。

觀察微商的購買率以及交易量，我們可以發現商品的種類主要集中於化妝品，而食品、服裝、母嬰等也占有少量的市場占有率。化妝品的銷量隨著微商的發展高潮而大幅增長，尤其在 2014 年的下半年及 2015 年的第一季度，化妝品的銷售量急遽增長，化妝品中銷量勢頭增長最快的當屬面膜。

市場的火爆,引起了官方的重視和對微商市場秩序的思考

對於第三方服務機構而言,社群平臺的健康發展才是微商發展的重要依託。微商歷經初期的野蠻生長,需要行業加強自律,尤其是針對這種以分銷為主要發展模式的新型商業形態,更需要在技術上對其進行規範。

在這之後,一些企業藉助品牌優勢大力推進電商的快速發展,行動端電商布局速度加快。一些 PC 端的電商也開始向行動端轉移,一些平臺投入大量的精力向行動端 App 開發進軍,使購物平臺上的中小商家產生了危機感。圖 2-1 所示為微商發展的 4 種形態。

微商發展的 4 種形態

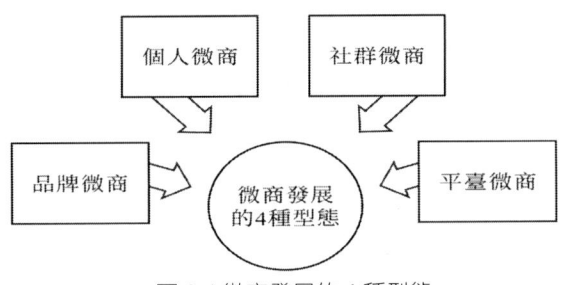

圖 2-1 微商發展的 4 種型態

1. 品牌微商

品牌微商主要是由一些流行於社群媒體中的品牌代購發

第 2 章　微商＋：連繫一切時代，顛覆傳統微商模式的轉型路徑

展而來，其發展也見證了微商發展的歷程。而社群媒體中利於傳播、利潤豐厚的化妝品就成了這一新模式下最大的受益者。這一模式以朋友圈為主要銷售管道，著力發展線下代理。

但是一些化妝品品牌由於官方的監管缺失再加上不法商家受到利益的誘惑採取的違法行為，對微商的發展產生了極大的負面影響。

2. 個人微商

個人微商的主要經營方式為代購產品、社群銷售，經營的產品主要是化妝品、奢侈品等。一些經營者採用品牌微商的代理模式，銷售假冒品，在首頁洗版等行為為這一模式帶來了較大的負面影響。

但是，個人微商具有一定的發展潛力，一些號召力強、粉絲力量眾多的「媒體達人」，利用自身的人格魅力與專業權威性經營個人微商，將會有廣闊的發展前景。一些食物種類的地方特產、手工家具、紡織品、工藝品等將會成為這一模式的「寵兒」。

3. 社群微商

社群微商往往由某個「人格魅力體」組建，社群內的成員圍繞著興趣偏好或者情感共鳴在社群內廣泛交流，這些龐大

數量的粉絲成為產品的潛在消費者。這種社群一般有兩種形式，其一是「達人」類社群，這些「達人」主要為娛樂明星、某一領域專家、學者；其二是服務型的組織社群，主要是滿足一類人的某種需求，其主要形式為分享、互助。

當然，這裡的社群微商更加側重於後者，社交媒體的興起使得一些早年在部落格、論壇上發展的培訓師、創業者開始在社交媒體上發文章為大家解答疑難困惑等，這同時也為他們累積了一定數量的粉絲，當粉絲數量的規模形成後，這些潛在的商業價值就有了變現的基礎。

社群微商主要以培訓為匯入點，為學員提供專業的知識講解，並選定進步較快的學員成為「典型案例」吸納會員，從而開設高級收費課程。而學員之間也可以進行商業合作，促進共同發展、多方雙贏。

4. 平臺微商

平臺微商的興起主要是得益於一些平臺微商的迅速發展。它具有一些個人微商所沒有的優勢，比如困擾中小商家的貨源、倉儲問題，而且交易安全，消費者權益可以得到保障，更為關鍵的是，經營的商品種類也得到了大幅度的提升。而且平臺微商產業鏈條精簡清楚，上端的商家採購商品，中端的商家進行推廣分銷，下端的商家銷售返佣。

第 2 章　微商＋：連繫一切時代，顛覆傳統微商模式的轉型路徑

正是這種模式的發展，為微商行業的首頁洗版、假貨橫行等問題的解決提供了有效的途徑，上述 3 種微商逐漸向平臺微商轉移，微商也將會由一個野蠻生長的發展初期逐漸走向成熟期，微商的平臺化發展將會給交易雙方提供更為公平的環境，科學有效的機制引導著微商逐漸發展壯大。

微商未來發展的四大模式

被定義為「微商元年」的 2015 年承載著眾多的個人及組織在微商領域的夢想，人們想在這個浪潮得到巨大的利益。在我看來，微商未來的發展將會產生以下幾種形式，如圖 2-2 所示。

1. 微商＋平臺

平臺的崛起，讓首頁的洗版、假冒偽劣產品泛濫得到了有效的控制。一些產品及服務良好的商家利用自己的粉絲社群優勢將會以社群微商的形式不斷壯大，在平臺上它們也可以找到一些創造價值的新形勢。平臺可以用自己的資源優勢為交易雙方解決貨源、倉儲、交易保障等問題，將會積聚大量的商家與消費者。

而且，微商平臺的發展所經營的產品範圍也將不再局限於化妝品、奢侈品等，必將會朝著更廣闊的領域發展。

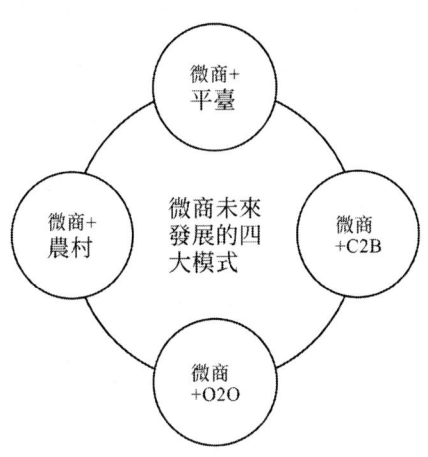

圖 2-2 微商未來的四大發展模式

2. 微商＋C2B

C2B 的微商，將實現去中心化的商業轉變。企業吸引平臺上的消費者參與到產品的設計中來，根據消費者的需求生產個性化與訂製化的產品及服務，而這種消費主導的社交微商將為這種模式的發展提供最為優質的生長環境。

這種模式將會凝聚規模巨大的消費者以數量優勢獲取購買價格上的優勢，將為消費者在產品的價格上提供更多的話語權。而且這種需求訂製化的模式將為企業的產品生產提供更為有效的指導，解決困擾生產商的壓貨、行銷推廣所帶來的巨大的成本消耗。

3. 微商＋O2O

微商這種直接交易雙方直接連繫的模式，有效改變了傳統線下銷售效率低下、購買流程繁瑣、使用者回流率較低等局面。O2O 的微商將會發展成為行動客戶端經營，經由基於位置服務的場景化管道銷售的新形態。

這種去中心化的流量入口使得商家擺脫了對於第三方機構的依賴，交易環節減少，即時分享與評論將會成為這一模式的優勢所在。QR Code、超連結等購買方式極大地提升交易效率。

4. 微商＋農村

「得農村者得未來」成為電商行業內的共識。而行動端是農村網友的主要網購終端裝置，這些網購產品的種類也和微商有著較大程度上的融合，電商大廠們也在農村展開了布局之戰。

而農村天然的本地化社交優勢將為微商的發展提供巨大的推動力，透過微商平臺的貨源優勢，銷售前景將會更為廣闊，微商在農村崛起將會成為一種不可阻擋的潮流。

外界的推動加上內在的需求，微商將會進行一番新的轉型更新，這將會是一個億萬元級別的市場，而且傳統模式的流量與銷量的重要性也會逐漸淡化，移動購物的使用者體驗、情感滿足與場景化將會成為這一時代的主題。

微商＋B2C：基於B2C模式的微商平臺如何營運管理

在每一個領域都有一群心懷夢想、力爭上游的人，他們始終堅守著自己的夢想，並熱切期待未來實現的那一天。對於大部分微商行業的一線從業者來說，他們也同樣懷揣著夢想，並且在滿懷激情地經營自己的事業，儘管這份事業飽受詬病，同時也面臨著行業巨大的競爭壓力以及家人朋友的不解，但是這些都沒有擊垮他們，他們仍舊執著、全身心投入，為目標的實現而努力奮鬥著。

微商作為一個新興行業，之所以在社會上飽受爭議，並不是因為從事這個行業的群體，而是由一些企業或者項目的頂層設計者以及團隊領導者的思維方式所決定的──在利益的驅動下，他們在行業發展中迷失了方向，不僅不能給予一線微商從業者正確的指引，還喪失了自己的道德標準，帶來了一系列的後續問題，如產品的品質無法得到保障、缺乏完善的售後服務等。

身為微商的從業者，應該用心思考行業的發展以及經營方式，在認同行業價值以及未來前景的基礎上，提出一種更好的

第 2 章　微商＋：連繫一切時代，顛覆傳統微商模式的轉型路徑

經營方案，從而為自己微商行業夢想的實現加油助力。當然，微商的營運模式是從業者首先應該思考和解決的問題。下面我們將重點討論和分析微商行業應該適用什麼運作模式。

B2C 微商模式

憑藉對商品零售行業發展的了解以及研究，再結合電子商務發展的歷程以及特點，我認為微商行業最適合的應該是 B2C 微商模式。這是一種企業直接對接消費者的微商銷售模式，這樣的模式不僅可以給消費者更多的信心保障，同時也可以為加盟商提供一種簡單加盟的方式，未來這種方式有可能會成為微商行業中的主流模式。

微商是這樣一種經營方式：個體經營者加盟到某個項目中去，並利用自己的經營方案去推廣產品，從而達到銷售的目的。但是個人的力量畢竟是有限的，不管是項目以及產品的選擇，還是推廣策劃活動，抑或是售後服務等都存在很多問題，而這些問題也是微商行業從業者在經營過程中普遍遇到的難題，而如果從業者能夠選擇 B2C 微商模式的話，就能解決其中的大部分問題。

發展趨勢

電子商務的發展也經歷了一個逐漸演化的程式，並從最

初的 C2C 模式發展到了 B2C 模式，這與市場需求的變化以及經濟的發展狀況有著密切的關係。在發展初期，為了積極鼓勵大眾創業者的參與，降低行業門檻，只要有一定的基礎就可以創業。而在發展後期，隨著消費者要求的不斷提高，成長較快、發展較穩定的購物平臺開始朝著企業化以及標準化的方向發展和過渡。再加上傳統企業的加入，推動電子商務領域形成了 B2C 的營運模式。

而現在微商領域也面臨著相同的境遇——在經過了初期的快速成長之後，也開始面臨全流程標準提升的階段，因此 B2C 模式將成為微商的一種主流模式。

消費者保障

由於企業的一切營運都要依靠社交媒體搭建的銷售平臺，因此企業在進駐官方帳號之前需要經過嚴格的審核，在平臺統一銷售的模式下，產品品質、物流以及售後的管理服務等都得到了良好的保障，但是這種銷售模式也容易造成一些問題，一旦惹上消費者的糾紛，就可能導致整個企業平臺的關閉。

項目投資

在傳統的微商經營中，經營者首先需要投入一定的資金才能開展業務，而且容易產生貨物堆積的現象，如果產品賣

不出去，這些壓力和負擔都需要經營者自己來承擔，雖然這樣可以有效保證微商的投入，但是無法保證其合理化的經營方式，盲目地招代理以及瘋狂洗版開始成為微商行業的標籤，也讓微商失去了其本質的含義。

而 B2C 微商是由平臺統一進行管理和經營，直接與消費者實現連接，這樣就不會存在加盟微商貨物積壓的現象，也就不用擔心投資的問題，對從業者來說也緩解了壓力，只要能夠跟上企業發展的腳步，就可以從容不迫地展開推廣工作，同時也可以更加專注地去思考怎樣做好微商，盡情釋放自己的才能，推動微商發展進入一個新高度。

代理資格

加盟 B2C 微商是成為企業的分銷商，而非代理商。只要發生一次購買行為就可以成為企業的微分銷，在成功加盟後，分銷商會從商場那裡獲得一個專門的分銷商城管道，之後分銷商只要專注於自己商城的推廣即可，商品的成交以及分銷商的招募都是透過平臺來完成的，這樣一來就為分銷商省去了產品選擇以及展示的麻煩。

對微商來說，最重要的還是在「微」字上，如果投資過大的話，不僅不會帶動整個行業的發展，反而會給從業者更大的壓力，從而出現一些比較偏激的經營方式。

加盟收益

在 B2C 模式下的分銷商,其利益並不一定很低,只要投入足夠的精力和行動力,再加上平臺上完善系統的支持,原本在微商行業中需要經多級經銷商分配的利潤方式就轉變成了佣金,並透過返利的方式分配給分銷商。這樣的利潤分配方式可以為分銷商的銷售提供更長久的保障,加速微商創業夢想的實現。

推廣輔助

在 B2C 微商模式下,沒有了瘋狂洗版,沒有了各種圖片以及文字充斥在朋友圈,而是由平臺統一進行分享,不僅有更加科學、合理的推廣流程,而且分享的內容一般都是商城舉辦促銷活動的圖片、比較有創意的文案、高規格的宣傳圖片、配有 QR Code 的圖片等,在不能對朋友圈進行良好經營和利用的基礎上,藉助平臺的力量可以為其宣傳以及推廣工作提供更多的幫助。

銷售保障

因為平臺是由企業直接進行營運管理的,因此擁有一套比較完整的營運管理系統,不僅能夠保證產品的品質,同時還能為顧客提供品質保證、退換貨以及售後服務等功能,如果顧客在使用中出現問題,平臺也可以給予其最專業、可靠的處理。

第 2 章　微商＋：連繫一切時代，顛覆傳統微商模式的轉型路徑

發貨問題

在有訂單的時候分銷商也不需要自己去備貨和發貨，而是由平臺統一備貨，並在規定的時間內將貨物送達，這樣一來不僅為分銷商省去了很多麻煩，同時也為企業的組織管理提供了更多的方便。而且企業統一的物流配送所建的倉儲也更加安全和高效，管理會更加規範，也不會經常出現貨品斷貨的現象。

統一價格

在有了統一的平臺之後，產品的價格都是由平臺進行控制的，這樣一來就可以有效維護微商市場的價格秩序，而且統一的價格也可以避免一些有私心的分銷商從消費者身上榨取更多的利益，從而為消費者創造一種更加公平的交易環境。

平臺輔助

平臺的出現可以為分銷商分擔許多麻煩，分銷商所有的工作都有背後平臺做支撐，不僅工作起來更加輕鬆便利，同時也提升了自己的經營層次，能得到消費者的更多信任。從產品的選擇、推廣到分銷商的招募和培訓等輔助工作都由分銷商背後的企業來完成，有了企業做後臺，分銷商在經營過程中會有更多的底氣。

以上幾點是我對 B2C 微商模式的一些分析，希望能對微商從業者們帶來一些啟發。在競爭環境愈益嚴峻的背景下，從業者只要快速認清並擁抱這一模式，就能迅速從微商的迷霧中走出來，將自己的微商事業做到一個新的高度。

第 2 章　微商＋：連繫一切時代，顛覆傳統微商模式的轉型路徑

微商＋ O2O：
大潤發如何用微商大軍拿下鄉鎮市場

2014 年，社群平臺中的電商開始崛起，無需傳統購物過程中的繁瑣流程，個人主頁成為貨物「展廳」，還可以實現買方與賣方的交流，明確購物意向後，快遞送貨上門，距離較短的幾小時內便可見到貨物。

部分微商是從購物平臺轉移而來的，還有的是作為商家的「分店」，另一部分是「微商」創業者。微商發展迅速，而且透過這種社交媒體平臺極易擴散，從而逐漸產生了固定的消費族群。

買賣雙方既是供需關係又是朋友關係，這種朋友圈銷售物品的微商模式有了情感作為紐帶，更為牢固與穩定。而且幾乎不用承擔風險。從一種朋友之間互相溝通的軟體變為一種產生消費價值的平臺。

招募合夥人與分銷商

該計畫中的合夥人有兩種：一種是有線下場所並可以發展為線下體驗館的合夥人，另一種是藉助社交媒體平臺推廣資

訊的合夥人。在合夥人的資格審核通過後,將會發給合夥人邀請碼,當使用者透過合夥人分享的邀請碼購物之後,合夥人可以獲得相應的提成。合夥人的要求較為簡單,只要是年滿18歲、具有完全民事責任行為能力的公民即可申請加入。

招募的對象包括:進行代購的個人、社群便利店、校園超市、服務中心與便民服務點等。申請者需要提供身分證及企業相關的證件、執照等。分銷商的選擇傾向於在當地具有一定規模的超市、服務中心及便民服務點等,對於條件不足的申請者,可以讓其轉為合夥人。

分銷商將會利用提供的分銷系統虛擬貨架向消費者展示商品的樣品及文字、圖片、影片等描述,這在一定程度上減少了庫存風險,分銷商只負責推廣產品,物流與售後服務會有專業人員負責,而且分銷商可以在一定範圍內自主定價,賺取更多的利潤。

售出的不同種類的產品,分銷商將會得到不同比例的返利,主要是取決於產品利潤的高低,利潤較高的化妝品分銷商可獲得3%的返利,而利潤較低的日常生活用品分銷商將獲得1%的返利。

這種合夥人與分銷商的招募是大潤發在管道開發上所進行的一種拓展與創新,最終還是要實現電商與傳統線下零售的深層次融合。

第 2 章　微商＋：連繫一切時代，顛覆傳統微商模式的轉型路徑

啟動「微商＋ O2O」模式

如今，大潤發已經悄然開啟了「微商＋ O2O」模式，大潤發內部執行的用於解決財力有限的鄉下小商家貨源問題的「供應鏈輸出」系統就是一個典型的代表。比如一家小型的店面，在面對一些顧客想要購買店面所沒有的某種價格較高的商品時，店長可以向顧客解釋明天或過幾天可以調到貨，隨後店長透過大潤發系統後臺訂貨功能就能完成這單交易。

之前與大潤發採用品牌分割的形式，並未給原有品牌帶來規模效應。現在這種與微商融合的新模式，給了大潤發一個利潤更為豐厚的獎勵機制，以促進更多的線下零售商家將大潤發的品牌及管道推廣至大潤發店面難以涉及的地區。

事實上，2015 年，各大零售商紛紛開啟了 O2O 電商布局。

O2O 模式的出現給這些面臨大型電商不斷蠶食市場的傳統零售商提供了新的發展機遇，雖然線下門市的客流量衰減已成為行動網路時代的一種必然的發展趨勢，但是這些傳統零售商可以依託供應鏈優勢及穩定的會員體系，走一條微商帶動的電商發展之路。

微商＋生鮮：
如何實現生鮮微商模式落地

　　微商自誕生以來便發展得非常迅速，隨著其業務範圍的拓展，越來越多的人成為微商群體的一員，然而微商的進展並不是一帆風順的，一些負面報告相繼出現，微商的爭議集中在4點。

1. 爭議一：首頁「洗版」行銷降低使用者體驗

　　各式各樣的微商廣告充斥社群媒體，降低了使用者體驗，使使用者產生排斥心理。統計結果顯示，在社群平臺裡分享的內容，兩成都是微商發的廣告，而八成微商是銷售面膜的。如果使用者偶爾看到這樣的資訊也不會採取什麼行動，但過於同質化的資訊會讓使用者不願再接收並不得不封鎖這些動態。

2. 爭議二：逐級分銷、逐層囤貨的「傳銷」方式

　　主營面膜或其他化妝產品的微商採用的是逐級分銷、逐層囤貨的方式。產品生產出來之後到達總代理手中，總代理再交給一級代理，之後是二級、三級、四級等，一層層向下

傳遞，代理們的收入並非來源於使用者的消費，而是來源於產品上下級中間的差。也就是說，產品並沒有真正銷售出去，而是由最底層的代理承擔著這些費用。

對產品代理來說，重要的不是他們的行銷實力，而是引入加盟的能力。這種逐級傳遞的方式繼續發展，從某種角度上來說就是傳銷模式的實踐，很多底層的微商人員既丟了錢，也因為頻繁發廣告訊息失去了原本維持良好的朋友關係。

3. 爭議三：部分產品缺乏品質方面的保證

微商人員採取的這種逐級代理的行銷方式，導致他們的面膜產品從某個角度來說不具備使用效能，產品從高層代理到低階代理逐層下移，有一部分產品缺乏品質方面的保證，來源於一些代加工企業，所以即使產品從代理手中成功出售，也不會使消費者感到滿意，在產品方面沒有保證，再好的銷售者只是曇花一現，最終會被大眾揭穿。

4. 爭議四：缺乏完善的售後服務

這些銷售面膜的微商人員會花費大量的時間來加好友、發展下級代理，以期從他們手中獲得更多的利潤，他們並沒有掌握針對消費者的行銷技能，而且也沒有完善的售後服務，因此導致的結果是消費者對產品體驗不滿意，更不用說

這其中有很多假冒偽劣產品以次充好，也降低了使用者體驗，微商群體因而在使用者群中留下了很差的印象。

微商面對爭議的原因

上文中闡述的這些因素導致微商面臨巨大的爭議，很多人都對微商持反感心態。導致這種結果的原因是什麼？微商該怎樣尋找出路？

微商之所以受到追捧，原因在於行動網路的發展使很多人萌生了創業的想法，而微商又無需投入太多的成本，不過針對電腦終端的電商已經進入成熟階段，該平臺需要大量的投資，發展起來也會有很多阻力，而行動網路的迅速發展讓創業者在微商平臺看到了機會。

相比之下，微商創業不存在那麼多的阻力，操作過程也很簡便，不用申請店鋪，也不用裝飾店面，甚至無須累積使用者流量，只要在平臺釋出消息，給使用者留下好印象，就能達到銷售目的而獲利。

微商的出現和快速發展得益於時代潮流的推動，然而，身處行動網路時代的大眾並沒有真正明白與掌握行動網路的本質，而且多數人的錯誤認知得不到糾正。在這種情況下，微商採取的逐級代理、逐級囤貨的行銷方式迅速發展起來，並擁有了自己的系統模式：品牌經營者負責產品製造和宣傳

第 2 章　微商＋：連繫一切時代，顛覆傳統微商模式的轉型路徑

推廣，招收總代理的加盟，總代理逐層發展下級代理，對他們進行集中培訓，吸引那些有創業想法的人加入進來，而商品價格不斷抬高，一個面膜的售價甚至能翻 10 倍。

在具體的實踐中，那些層次較高的代理透過招商獲得了收益，一部分人賺得盆滿缽滿，代理人就把這些人作為代表吸引其他創業者加盟。

微商採取的行銷方式與傳統企業招商加盟有共同之處，然而這兩者存在著根本性的差異，傳統廠商的代理是指標對某個特定區域擁有唯一的經營權，該代理的收益來源於市場開發，透過零售管道把商品賣給消費者。但微商經營的面膜或其他化妝品經過層層的代理，忽視了商品零售，他們的收益來源於底層代理商，這是微商不被支持的重要原因。

雖然有很多人不贊同微商的發展模式，但不可否認的是，大部分微商人員加入這個行列的動機是好的，其中女性從業者的比重最大，大部分是帶孩子的家庭主婦，大學生微商從業人員也很多，另外還有一部分是空閒時間較多的年輕上班族，他們的條件比較適合從事微商，可以利用閒暇時間來獲取收益，即使獲得的利潤不多，也是透過自己爭取來的，是他們努力的見證，所以很多人選擇從事微商。

「微商＋生鮮」模式如何落地

微商採取的這種行銷方式真的像有些分析者說的那樣毫無價值嗎？微商該怎樣尋找出路？透過某俱樂部的發展，我們可以從中受到一些啟發。

有一個俱樂部成立了一間生鮮電商企業，採用群眾募資模式，股東超過 80 人。該平臺主營生鮮產品，在瓜果生產者與消費者之間搭建起橋梁。

俱樂部的專業採購人員到瓜果生產地去採購商品，並將產品的生產、加工和物流環節的相關資訊整合起來傳遞給俱樂部的投資者和代理人員，由他們將這些消息釋出在社交網路平臺上，這時候就會有消費者下單購買，並把消費體驗回饋給代理商，代理商將他們的回饋資訊整合後再次釋出，以吸引更多的潛在目標客戶。

朋友圈是其最大的市場開發地，好友之間不斷傳遞其商品資訊，提高了品牌影響力。而某俱樂部的資訊不會引起朋友圈的反感，還有很多好友表示認同這種方式，原因有以下幾種，如圖 2-5 所示。

保證產品品質　分享經歷　不忽視銷售　發揮產品功能　融入知識分享　在朋友中推廣　營運思路清晰

圖 2-5 某俱樂部朋友圈行銷的優勢

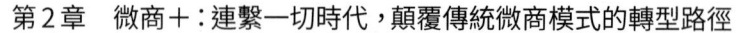

第2章　微商＋：連繫一切時代，顛覆傳統微商模式的轉型路徑

- 某俱樂部是在產品的基礎上發展起來的，他們的瓜果來自原產地，能夠有效保證產品品質，包裝也做得恰到好處，也正是在此基礎上，俱樂部才獲得了持續的發展。
- 分享經歷，不發容易使人排斥的訊息：多數人都有過被廣告洗版的經歷，這些訊息會使人產生排斥心理，該俱樂部發的不只是產品宣傳訊息，還有經營方的發展經歷、生產方的生產過程等等。
- 不忽視銷售環節，產品訂製和產品預售為其顯著特徵，不會出現產品積壓在代理手中的情況。雖然預售在消費者體驗環節上不能做到百分之百令人滿意，但經營方確實能夠因此降低風險，這一點對他們而言是非常重要的。
- 生鮮產品由產地流往消費者手中，使該產品的使用功能得到發揮，而消費者又會把自己對產品的評價傳達給他人，這能夠有效擴大其影響範圍，只有提供高品質的產品，才能使自身獲得持續性的發展。
- 將產品推廣資訊融入到知識分享中，除了向消費者提供瓜果產品之外，還向使用者提供健康知識，與使用者分享他們的創業經歷，這樣會增強資訊的吸引力和趣味性，能夠抓住行動網路大潮中的使用者需求和習慣。
- 朋友之間進行產品推廣。通常來說，他們的客戶就是自己的朋友，或者是和朋友關係比較好的人，代理人是在

高品質產品的基礎上不斷提高自己的知名度。也正因為如此，代理人員才可以把產品推薦給朋友；否則，最後不僅造成產品積壓，也損害了朋友的利益。

- 不會因層級劃分多而脫離正軌。俱樂部運作思路概括起來很簡單，由生產方提供品質可靠的生鮮產品，俱樂部代理人負責將產品資訊推廣到朋友圈，有需求的好友下單、消費，然後將自己的評價傳遞給經營方，由代理人繼續傳播，如此循環往復。這種經營方式符合網路的本質特徵。

如何建構微商的可持續發展模式

以我個人的工作經驗對微商的發展狀況進行分析，隨著行動網路的不斷發展和普及，微商的覆蓋範圍會不斷擴大，因為一部分電腦終端的使用者會轉移到行動終端，這為微商的發展提供了更多的機會，微商人員應該注意哪些方面才能實現持續發展呢？

1. 產品是基礎

只有擁有高品質的產品，再加上正確的行銷，才能獲得成功，消費者對產品滿意，才會推薦給周圍的人，才能提高品牌影響力。

2. 落實產品的銷售環節

生產出來的產品只有被消費者購買並消費才能形成良性循環，如果產品只是在經營過程中不斷囤積，即使短時間內能夠從中獲利，也終會被淘汰。

3. 建設成熟的運作體系

為消費者提供售後服務，根據使用者需求不斷進行自我完善。

4. 充分意識到品牌的商業價值

注重品牌建設，利用網路平臺進行品牌推廣和宣傳。

5. 不斷加強自身的團隊建設

微商＋社群：社群經濟時代，社群微商的四大營運思路

行動網路的發展為電商帶來了新的發展契機，使行動電商出現並迅速發展起來。其中，微商就是基於貼文形成的新型電商模式，微商經過幾年的發展也開始由野蠻的粗放式發展向規範化轉變。接下來我們就對微商的發展做一個詳細的梳理，以幫助大家看清其未來走向，如圖 2-6 所示。

野蠻生長期 ⇨ 工業化時期 ⇨ 大整合時期

圖 2-6 微商經歷的發展階段

野蠻生長期

社群媒體的出現為我們帶來了新的溝通方式，而對於商人來說，社群媒體帶來的是一種新的行銷管道。群組、官方帳號成為商人們聚眾行銷的平臺，由此誕生了眾多不同的微商門派。

早期微商的產生帶有偶然性，更多是由網友對行動電商

第 2 章　微商＋：連繫一切時代，顛覆傳統微商模式的轉型路徑

的好奇心催生的。早期的微商簡單來說就是以朋友關係為信用基礎而展開的行銷。我覺得你的產品好，就加好友，然後直接付款，整個過程十分簡單。因為是朋友，交流起來就更加隨意，藉此早期微商得到了迅速成長，私訊或群聊方式也幫助微商建立了一定的客戶關係管理機制。

對於早期微商我們並沒有多麼排斥，首頁中偶爾的小廣告我們也可以理解。然而微商在不久之後進入了野蠻生長期。純生意人踏足社群媒體，賣面膜、賣仿冒品，甚至藉助傳銷機制發展下線，整個首頁已然被這些廣告洗版。據說有人賺得盆滿缽滿，一時間這個以社群平臺所建構的熟人社交平臺充斥著銅臭味，微商也成了網上傳銷的代名詞。

實際上，早期微商中確有在朋友圈售賣自家特產的商家，但這很快被鋪天蓋地的面膜、護膚品所淹沒，社群媒體成了網上傳銷的大本營。那些稍早進入微商圈的聰明人已經在社群媒體占據了有利地位，那些真正有好產品的商家在這個領域卻顯得不知所措。

這種野蠻生長所帶來的結果就是首頁充斥著真真假假的廣告，甚至是炫富的內容。對於這樣的騷擾，許多人由於不知道如何封鎖廣告而直接選擇了刪除好友的方式。面對這種情況，我一般採取封鎖的方式，即使是較好的朋友，我也不希望他的廣告出現在我的首頁裡。

在粗放式的野蠻生長時期，微商變得令人厭煩，其發展模式是以大量的訊息轟炸和騷擾朋友為基礎的。

工具化時期

事實上，微商的行銷配貨模式都是人力車夫式的：首先是人工處理訂單，自己處理包裝、郵寄，效率整體偏低，隨著訂貨量的增加，效率必然成為一個大問題；再者，微商是依靠朋友圈的分享來實現自身盈利的，當朋友給了很多次面子，實在不想再受到騷擾時，人力分享的效果也就變得越來越差。

所以，面對這種情況，有些微商繼續走老路，硬性擴大人肉傳遞網路，而聰明的微商開闢了一條工具化路線。

工具化路線可以幫助微商進行自我管理，實現組織化、規模化經營，微商看到了工具化平臺的優勢，開始向這個方向遷移，微商的第三方平臺呈現出一片繁榮景象。

工具化時期脫離了野蠻生長期的粗放式發展，步入了常規合理狀態。由於使用者對微商的新鮮感下降，微商想要獲得盈利，需要在產品品質和服務細節上下工夫。同時，微商流量也開始走上精準化和垂直化，這需要微商做出更多的改變。

於是，大量職業微商出現，微商也開始透過群組展開培訓、講座等活動，幫助微商獲得行銷知識與技能上的提升，這使得整個微商群體開始朝產業型方向發展，微商走向職業化和專業化。

大整合時期

微商的工具化發展實際上也是大整合時期來臨的先兆。所謂大整合，就是跨裝置終端、App 平臺以及支付場景的行銷模式、商品管理、支付方法的大整合。

隨著行動網路的發展，使支付方法變得多樣化，藉此人們可以在自己所處的任何場景完成支付，支付場景幾乎涵蓋了我們生活的各個方面。正是支付場景的拓展，才使得微商的定義獲得延伸，無論線上線下，微商都做得遊刃有餘。

無論是社群媒體還是各大入口網站，現在都流傳著大量電商騙子多的文章，這會使電商更封閉。而且微商在平臺選擇、技術服務商選擇、產品選擇、行銷模式整合以及客戶關係管理等問題上面臨諸多挑戰，微商僅憑個人力量是難以實現長久發展的。所以，微商要想長久保持競爭力，必須要提升行銷品質，培養客戶的忠誠度。

工具化時期需要在產品和服務上下工夫，而信用機制和

購物安全問題則是大整合時期微商所面臨的巨大挑戰。同時，社會輿論會影響消費者在官方帳號或社群的購物習慣，最終決定購買的因素會從早期的好奇、朋友推薦過渡到個性化決策。

社群媒體的微商交易非常簡單，網友在確定購買意向之後新增陌生人商家為好友，透過私訊進行交易，可是這也是最容易出問題的環節，保護權益可謂是相當難，執法機關無法介入，官方也很難介入。

社群電商？這是真的嗎

社群電商是基於粉絲經濟而興起的。你的產品要想做大就需要粉絲的支持，要想擁有大量粉絲就需要具備超高的個人魅力以及產品特質。那麼，社群電商只是有錢人的遊戲嗎？答案是否定的。

電子商務發展至今，種類在不斷豐富，參與者也越來越多，像明星這種經濟收入高、影響聚合力大的群體不再是社群電商的唯一參與者。在個性化需求爆表的時代，長尾理論似乎更受年輕人的喜愛，像小米、蘋果這樣的從眾式消費依然很火，但是長尾經濟要想遠大發展還是需要中小電商發揮效用。

第2章　微商＋：連繫一切時代，顛覆傳統微商模式的轉型路徑

　　成功的社群電商所做的品牌不需要很大，但是一定要具備自己獨特的品牌文化和特徵，有明確的消費者定位，只有這樣才會吸引個性化的使用者粉絲跟風並主動傳播。

　　我認識一個專門進行手工訂製的朋友，主做皮製品，根據顧客需求純手工訂製，產品價格從幾千元到幾萬元不等。由於具有獨特的品牌文化和明確的人群定位，在短時間內得到了消費者的認可，口碑非常好。這類微商不需要太多行銷手法，口碑傳播就可以使他們成為很棒的社群電商。

　　對於社群電商這個概念，很多人望文生義，認為只要是在社交平臺上買東西的商家都可以稱為社群電商。社交平臺上的行銷固然會在短時間內呈現出很好的傳播效果並獲得銷量的成長，但是這其中圍觀者、好奇者居多。事實上，社交平臺上的網路廣告才是較為成功的社群媒體行銷。社群電商不是一個單純的行銷詞彙，也不是一時半會可以形成的，它需要長時間的沉澱和粉絲累積，我們所說的累積不是數量上的，而是粉絲是否對產品具有發自內心的熱愛和信任。

　　要是簡單地用粉絲數量或產品銷量來衡量社群電商，也許推薦才是最大的贏家。畢竟除了線下的傳銷方式，在網路時代推薦也利用網路進行交易。社群電商的核心是要保證產品與粉絲需求的統一，那些依靠無限分享和洗版聚集粉絲的微商只是打著社群電商旗號的傳統電商。

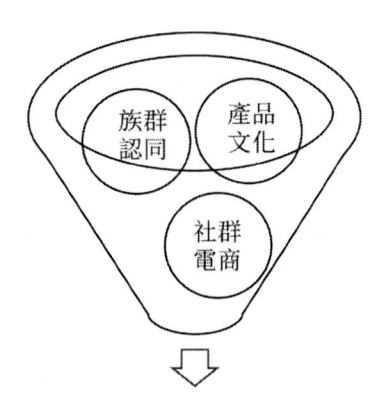

圖 2-7 社群電商需要具備的 3 個要素

社群電商至少需要具備 3 個要素：產品文化、族群認同以及品牌信仰，如圖 2-7 所示。比如總部位於美國的 Etsy，以手工藝成品買賣為主要特色，將自己打造成很好的社群電商。

社群電商具有獨特的品味和興趣，將傳統電商的行銷社會化管道稱為社群電商是不對的，事實上，電商培訓者或行銷培訓人員很少真正做過電商、搞過行銷。社群電商處於熱門期，等熱情褪去，你會發現那些生存下來的才是真正的社群電商。

如何抓住微商的機會

微商也好、電商平臺也罷，說到底，他們所做的都是零售業和服務業，看的是你的產品和服務，整個過程所需要的

第 2 章　微商＋：連繫一切時代，顛覆傳統微商模式的轉型路徑

是行銷策略、銷售手法、供應鏈以及客戶關係管理的規範化與專業化。微商已經逐漸走上了工具化、數據化道路，如何能抓住微商的機會、摒棄早期的吸血鬼式推廣進而成就自己的電商事業，是我們需要思考的首要問題。

1. 培養消費者的購物習慣

在網路時代，消費者的購買習慣已經被電商大廠養成，習慣於透過購物平臺搜尋進行購買。而到了行動網路時代，消費者的購買習慣還未養成，各類電商都處於平等地位。所以，微商需要思考如何以更加新穎的方式來喚起消費者的購買欲望。

微商是基於朋友信任發展起來的，那麼，微商所要做的就是摒棄過去那種乾澀生硬的廣告風格，根據朋友的個性化分類對不同的朋友群採取不同的情感表達方式，實現情感行銷，無論是文案還是促銷活動，都要以人性化的方式進行切入。

2. 選擇種類是關鍵

種類選擇是微商成功的核心策略。農業生鮮領域是電商大廠切入的熱點，而冷藏物流的興起，供應鏈和管道的下沉都會使該種類實現飛躍式發展。「選擇比努力更重要」是微商需要記住的一點，要根據自己的興趣並對項目可控性進行考察分析，最終選擇適合自己的種類。

3. 精神消費時代到來

現在的年輕人注重的是精神消費,無論自己是否達到了一定的經濟水準,個性化已經成為年輕一代的代名詞。越來越多的年輕人注重自己的 Style,若是微商們可以抓住年輕人的消費心理,那麼距離成為真正的社群電商也就不遠了。

4. 人貨合一才是真愛

靠刷信譽、刷排名的方式爭奪搜尋流量已經成為過去式,我們現在所處的是以人為中心的行動社交時代。人和產品同樣重要,根據消費者的個性化要求做到人貨合一才能夠打造新的電商品牌。所以,微商要想長久做下去,最重要的是理解長尾理論,做到人貨合一。

第 2 章　微商＋：連繫一切時代，顛覆傳統微商模式的轉型路徑

微商＋群眾募資：藉助群眾募資平臺做微商，引領品牌微商崛起

群眾募資不僅為微商提供了新的融資管道，而且對 2.0 時代微商的品牌化探索更是一種有益的嘗試，群眾募資，或許會成為微商發展的一種新動力。

微商進入品牌時代

隨著網路的發展逐漸向行動端轉移，原本基於 PC 端的電子商務也紛紛向行動端過渡，尤其在社群平臺獲得眾多使用者的青睞之後，「微商」的概念更是應運而生，成為了行動網路時代的一大紅利。

由於具有操作便利、營運靈活等優勢，「微商」的概念一經推出，就獲得了極快的發展。作為社群時代的一種有效的營運手法，微商管道的重要性絕對是不容忽視的。但在這個個體能夠獨立營運、實現商品交易的平臺上，微商團隊也難免魚龍混雜。處於草莽時代的微商暴露出了一連串的弊端，如產品品質參差不齊、產品宣傳誇大虛假、產品行銷方式單一等，這些都嚴重阻礙了微商的健康發展。

如同任何一個新生事物一樣,微商在發展的過程中也在不斷進化和優勝劣汰,那些能夠保證產品品質,在資金、售後等環節進行規範管理,以及能夠獲得權威平臺擔保的微商,更能夠獲得長遠的發展。

微商生態系統重構

2014年,剛剛興起的微商獲得了極快的發展,由於進入門檻低,微商提供了有效的營運管道給無數個體和中小企業。但由於監管等方面存在的問題,微商也獲得了無數惡名,甚至成為「三無產品」的代名詞。

一方面,為了進入良性發展軌道,微商必須對失誤進行修正;另一方面,微商平臺也需要採取一系列有針對性的舉措,以更好地建構平臺生態系統。

預計未來的幾年移動購物市場交易規模將會持續增大,到2016年其在整個電子商務市場當中的占比將能夠超越PC端。

在移動購物市場前景一片大好的形勢下,微商就不可避免地成為了爭奪的焦點。

第2章 微商＋：連繫一切時代，顛覆傳統微商模式的轉型路徑

三個「億」的噱頭

某高階纖體果飲就是微商 2.0 時代的代表，它之所以能夠成為群眾募資的第一個創業項目，並引發無數的關注，主要源於以下 3 個「億」。

1. 獲得 1 億元投資的瓶子

這個高階纖體果飲品牌，其背後的創始人也都有著與微商密不可分的關係。

該品牌創始人，有著「謀女郎」和兩個孩子的媽媽的雙重身分，這使得她不僅能夠掌握吸引萬千女性的時尚元素，而且更能夠成為一個正向的表率，有利於主打美麗和健康的品牌的營運。

聯合創始人 A，一方面具有豐富的企業營運經驗，在企業策劃、資本營運等方面都有自己獨到的見解；另一方面，媒體經驗也不匱乏。

聯合創始人 B，是女性健康研究領域的專業人士，不僅是日本明治大學生命科學學院博士生導師，而且在赫赫有名的日本化妝品企業資生堂擔任過 30 年的技術總監。

從上面的創始人介紹我們不難發現，這不是一個普通團隊，而是一個黃金團隊。所以這樣的團隊班底，也就使得過去並不被人高好的微商能夠獲得 1 億元的創投金額。

2. 徵集萬名「投資人」億元投資的群眾募資活動

該纖體果飲品牌在群眾募資平臺的目標是尋找 10,000 名天使投資人，而成為其投資人的條件是投資 1 萬元，享受的福利包括：獲得價值 18,000 元的纖體果飲；連續 5 年獲得價值 1 萬元的產品；1 年之內可以無條件退貨等；每年獲得千萬元級別的品牌及產品傳播支持。

之所以推出此計」，一方面是希望能夠在微商 2.0 時代打造極致的產品和品牌；另一方面也是希望能夠更好地營運品牌，並獲得利益。

3. 新品銷量猜想超過 1 億個

從該品牌的群眾募資活動及其品牌的影響力來看，完成至少 1 億個新品的銷量並非難事。

群眾募資或成社群動力之一

此品牌之所以能夠引起如此多的關注，一方面是由於其自身在行銷方面的優勢，另一方面則由於其採用了一種更具有影響力的先進理念：打造微商的品牌化，並借用群眾募資作為品牌發展的動力。

而群眾募資能夠取得成功，則主要是基於以下幾方面的原因。

第2章　微商＋：連繫一切時代，顛覆傳統微商模式的轉型路徑

- 從成略層面來看，平臺發展金融是一條不錯的後路。
- 從成術層面來看，平臺已經累積了足夠數量的客戶群，而且這些客戶恰恰是對智慧硬體比較感興趣的。
- 從執行層面來看，平臺已經成為網路大廠，正在不斷擴大自己的勢力範圍，其中金融就是其重點布局的一環。

另外，從發展方向來看，已經在智慧硬體領域取得不錯成績的電商平臺，也越來越看重快消品，尤其是主打時尚健康理念的品牌。因此，綜合看來，該品牌的品牌方向正是與平臺的發展策略不謀而合的。

在網路時代，社群的力量越來越強大，從邏輯思維、小米手機的成功案例中我們都不難發現這一點。而在平臺群眾募資發起募資的這個纖體果飲品牌，其目標也是社群，具體可以劃分為具有一定的經濟實力、秉持健康理念的都市白領女性。根據該品牌的發展規劃，其策略為透過網路平臺，聚攏高階青年女性使用者，建立具有較高黏著度的女性社群，實現產品傳播和行銷的融合。

因此，反觀這次群眾募資，我們會發現其核心邏輯是「人」，社交工具不僅放大了「人和商品」連繫的機會，而且降低了其成本。目前盛行的官方帳號、群組等途徑，就使得社交關係開始重組。

品牌驅動競爭力

此品牌發起群眾募資的活動,吸引了相當一部分微商從業者,因為這種群眾募資的方式,與傳統的加盟不同,能夠讓參與者更有合夥人的感覺,而且需要的成本更低。群眾募資平臺不僅推出了這次活動,還將參與者取名為「籌客」,其背後包含了五大標籤 —— 品味、情懷、態度、夢想、探索精神。

作為平臺群眾募資的第一個微商項目,此纖體果飲品牌具有里程碑式的意義。在微商剛剛進入人們視野的時候,確實經歷了一個紅利期,營運者不需要花費太多的成本和精力就能夠從中營利,而在微商 2.0 時代,產品的發展更加注重品牌化。此纖體果飲品牌不僅展現了鮮明的品牌特色,而且使用了 「微商+群眾募資」這種先進的行銷和推廣方式,因此,其能夠取得的效果也是更加理想的。

另外,透過群眾募資平臺進行群眾募資,也造成了很好的信任背書效果。品牌的推出,要獲得信任畢竟需要較長的時間,而權威平臺的背書則大大縮短了這樣一個過程。

微商＋平臺:「消費者＋場景＋關係」決定微商平臺的成敗

如今,在首頁賣貨的微商已經漸行漸遠,平臺微商開始走向時代的舞臺。2015年是平臺微商自出現以來發展最為迅速的一年,平臺微商迅速崛起。

傳統企業與零售商開始產生焦慮,在電商的不斷衝擊下,市場占有率的迅速衰減使他們不得不尋求突圍之路。而一些中小企業則希望能搭乘平臺微商的班車,從而發展壯大自己的規模。我認為,平臺微商的發展將會涉及消費者、場景、關係三大要素,如圖2-11所示。

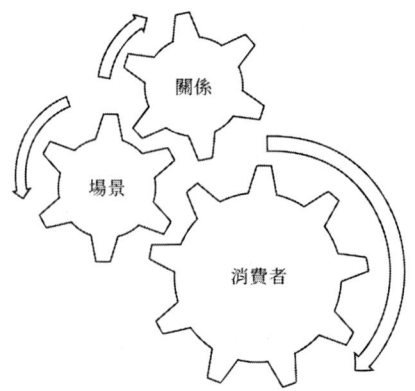

圖2-11 平台微商的發展涉及的三大要素

平臺微商的 3 種模式

- 逛。這種特殊的愛「逛」群體從古至今一直存在,這類消費者不一定是為了購物,但是透過不斷地「逛」可以使他們的好奇心得到滿足,而且在「逛」的過程中,受到外界因素與內心情感的雙重影響,他們還會發生一些衝動消費行為。
- 推薦、分享。在你的社群媒體中,可以經常發現朋友分享的產品連結和一些購物的經歷以及商品的評價,而且一些人群也十分喜歡在社群媒體中「炫耀」自己買的商品。此種有意或者無意的分享與推薦和簡單粗暴的首頁賣貨行為有著巨大的區別,它建立於彼此信任的基礎之上。
- 搜尋。搜尋在 PC 電商時代成為消費者的首選,而隨著行動電商的崛起,消費者在 PC 時代所形成的基於搜尋的購物習慣必將被打破。就目前來看,習慣使用搜尋的人群可以劃分為兩種:其一,對產品了解透澈、目的明確的使用者群體;其二,某種品牌的忠實粉絲群體。

未來,使用者可以在平臺微商上逛、推薦與分享、搜尋,這 3 種模式將會長期並存,而搜尋、推薦與分享將會成為主流模式。從購物模式的改變以及微商去中心化的平臺屬性來看,我認為微商的發展將會產生如圖 2-12 所示的 3 種模式。

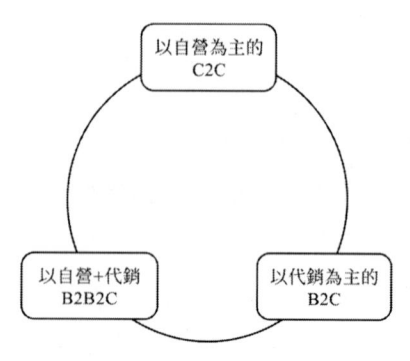

第 2 章　微商＋：連繫一切時代，顛覆傳統微商模式的轉型路徑

圖 2-12 微商發展的 3 種模式

1. 以自營為主的 C2C

目前大部分的微商都還是基於 C2C 的個人微商，這些商家主要透過獲得產品的代理權在社交媒體上進行推廣行銷，微商開始興起之時這些商家確實也獲得了較高的收益，但是由於採用類似傳銷的層級代理模式，產品的同質化嚴重，更為嚴重的是官方機構開始對這種模式進行嚴格的限制，個人微商的處境越來越艱難。

經過一段時間的累積，走差異化路線同時保證品質的個人微商逐漸得到了消費者的認可，出現了經營特產、手工藝品、生鮮等社群微商，它們的優勢在於商家可以在第三方平臺上與消費者直接互動，行銷策略靈活多樣，價格可以自主擬定。

但其缺點也很多，例如，產品營運難度大，產量上也沒有充足的保障，物流及客服都要親力親為等等。

2. 以代銷為主的 B2C

從微商當前的形勢來看，從 C2C 模式到 B2C 模式的轉變已經成為一種不可逆轉的趨勢，雖然 C2C 模式商家在數量上占據絕對優勢，但是許多商家已經開始了轉型之路，前文提到的平臺微商大多是 B2C 模式。

這種模式的優點在於商家可以獲得平臺的擔保，而平臺的各種功能也讓商家得以專心地改善產品的品質與服務體驗，消費者可以在平臺上得到交易體系和售後服務的保障。B2C 模式的平臺微商能夠為分銷商提供分成，部分消費者也會轉化為分銷商，藉助社會化的社交媒體平臺，B2C 模式的分銷商可以快速獲得足夠的產品分銷商。

這種模式的缺點在於分銷商的定價權較小，而隨著 SKU 豐富度（同類產品的可選擇性）的增加，產品的同質化問題日趨嚴重，分銷商的佣金會隨著產品價格的波動而有所調整，某些時候分銷商會因為產品的返利太低而導致推廣積極性不高。

3. 以自營＋代銷的 B2B2C

自營＋代銷的 B2B2C 模式中的第一個 B 指賣方（原材料、半成品、成品供應商等），第二個 B 指微商平臺，主要是負責協調賣方與買方之間的交易，提供周邊服務等，而 C 則指買方。買方並不局限於商家及企業，個人也同樣包括在內，為買賣關係邏輯意義上的買方。

第 2 章　微商＋：連繫一切時代，顛覆傳統微商模式的轉型路徑

這種模式的優勢在於形成了一個緊密連線的產業鏈——「供應商＋生產商＋經銷商＋消費者」完成了價值增值到價值變現的傳遞。交易環節中的資源透過平臺得以重新配置與整合，消費者可以獲得優質的產品及服務，商家可以獲得更大的銷售利潤。其缺點同樣較為明顯，比如，商家價格方面不具優勢，在商品的品質、物流及售後等方面很難制定一套通用的標準。

決定微商發展的兩大因素：場景＋關係

「使用者流量為王」的 PC 電商將會被「場景＋關係」的行動電商所取代，未來的微商不論採用哪一種模式，「場景＋關係」必成為同行業內競爭的核心要素。

而場景的出現為微商獲得使用者流量提供了一種重要的管道，場景主要表現在兩個方面：其一，不受特定時間的限制，使用者流量的來源更加廣泛；其二，微商不受地域限制，無論是商家還是消費者都可以將自己的東西用手機拍下來，隨時隨地地透過行動網路平臺進行銷售。

隨著行動網路的發展，關係的跨度決定了傳播的廣度。本質上微商屬於行動電商，而行動電商所帶有的社交性將會推動微商的進一步發展。其傳播關係在分享與購買方面展現

得淋漓盡致，分享行為的發生一方面是出於一些人的愛好，另一方面是受利益驅動。無論是主動分享還是被動分享，都在無形之中建立了商家口碑。朋友之中的分享推動了購買規模的進一步擴大。

在行動電商之中，微商自成一脈，形成了一種獨特的行業格局，當前的微商發展面臨著困境，但其前景是一片光明。如今的傳統企業與媒體平臺已經逐漸接受微商之風的洗禮，並開始將微商提升至公司發展的策略層面。

第2章 微商＋：連繫一切時代，顛覆傳統微商模式的轉型路徑

第 3 章
微商經濟學：
行動網路時代，
微商崛起背後的經濟學思考

第3章　微商經濟學：行動網路時代，微商崛起背後的經濟學思考

社群經濟：
建構一個有價值的活躍社群

以小米粉絲社群與脫口秀節目「邏輯思維」為代表的社群使得社群經濟在 2015 年變得熱門起來。這種新型商業形態的社群經濟越來越多地受到網路企業、明星、機構組織、傳統企業的追捧，但是徒有數量沒有品質也不行，營運社群經濟需要具備精準的定位能力，否則投入再大的資本也難以成功。

電商平臺衰落，社群經濟迅速興起

在行動網路時代的大環境下，O2O 迎來了發展的黃金時期，一些興起於傳統網路時代的電商平臺也開始呈現疲態，使用者逐漸被行動端的電商平臺分化，使用者流量急遽下降，一些傳統的電商平臺走上了拚價格的「不歸路」，出現了一大批處於虧損狀態的公司。而一些中小商家開始脫離平臺，例如，最近幾年，購物平臺上的中小商家中就出現了大量的逃離者。

在 B2C 市場上商家使用者越來越多，但是消費者被行動端和越來越多的場景不斷分化，一些商家開始抱怨花了大量

的錢卻和原來的效果相差甚遠。

而 2015 年社群經濟迎來了崛起的時代，在短時間內就迅速深入到各行各業之中……社群崛起的序幕已經拉開。

社群的本質是一群志同道合者的聚焦

那麼，企業又該如何建立並發展自己的社群？一些企業投入了大量的人力、物力，應徵菁英團隊營運交流平臺卻不見效果。

到底如何為建立的社群注入生機與活力，使其能夠吸取營養從而不斷壯大？說到底，社群的本質是志趣相投的人之間的集合，關鍵在於如何使其創造價值。一個擁有龐大數量的社群可以成天聚在一起灌水、話家常，成為烏合之眾，也可以在一起聊產品、談企業發展，為企業創造價值，兩者的差距就在於同什麼樣的人聚在一起做什麼事。社群的營運者首先要考慮的是如何定位社群。

一些人認為傳統企業的策略規劃定位理論已經不再適用，行動網路時代需要的是跨界營運，直到達成網路化與無界化。但是社會學意義上的社群是具有某種相似特徵的人格特點的一群人的集合。社群不是簡單的規模化與標準化，而是在某種程度上的個性化與小眾化，新社群的營運者在社群成立之初就應該進行清楚明確的社群定位。

第3章　微商經濟學：行動網路時代，微商崛起背後的經濟學思考

要做好社群的定位工作，首先要明白的是社群應該如何分類。主持邏輯思維的羅振宇將社群定義為利益型社群與情懷型社群。邏輯思維屬於「硬碰硬自己、取悅別人」的情懷型社群。

「類交易所」就是社群經濟的一種延伸。除了傳統的產品與服務外，一些明星、達人以及魅力人格體的社群都屬於產品型社群。

行動網路時代的產品所表達的不能只是簡單的功能，更要表達出一定的情感。一些只有高配置的冷冰冰的產品一樣無法熱賣，只有將產品社群營運好，讓產品品牌和行銷方式結合起來、粉絲與使用者結合起來，這樣營利點將不再只局限於產品售價，一些相關類型的周邊服務同樣可以帶來可觀的利潤。

如何建構一個有價值的活躍社群

社群的類型按照其載體的形式可以劃分為自媒體、產品型以及服務型社群；按照社群範圍可以劃分為品牌、使用者以及產品社群。品牌類的社群是指有品牌風格特點的企業或者社群；使用者社群是以人為核心，跨行業、跨種類的使用者社群；產品社群是某種產品或行業的使用者社群。

分類方式不一樣，其營運策略也有一定的差別，但是社群本質上還是人與人之間構成的自由組合，一些興趣愛好相

同的人組成的一種平等、互通、合作的團體,每個人能在平臺上享受到一定的權益,同時還能展現自己的價值,為平臺及社群創造價值。

建構社群也有著一定的前提與條件——只有能夠充分了解自己的資本,並千方百計地去將這些資本發揮到極致的人,才算邁出了成功的第一步。一些如今玩轉社群經濟的業界高手,在創業伊始拉投資、泡論壇、走公關才成功地找到了第一批種子使用者。具體來說通常包括如圖3-1所示的幾點:

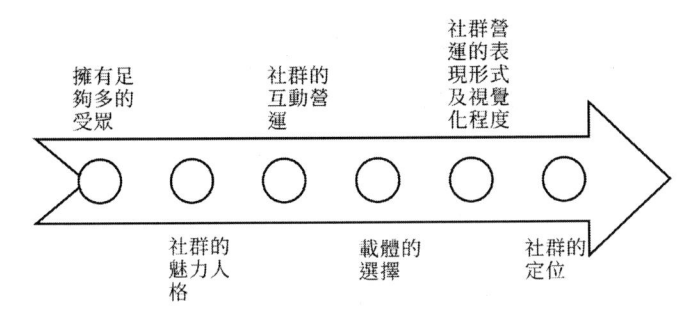

圖3-1 建構一個有價值的活躍社群的關鍵

1. 足夠多的受眾

僅有品質禁得起嚴格考驗的產品以及優質的服務體驗還不夠,還要擁有足夠多的受眾才行。那些需求強烈、使用頻率高的產品及服務才是社群成功的基礎。有了這些條件才算是透過了社群經濟的第一關。

2. 社群的魅力人格

你的行為、使命、責任能否展現一種極富魅力的人格品質，你是否有能力去征服一批意見領袖？你能否在社群中一呼百應、引發共鳴？

3. 社群的互動營運

能夠帶來一定價值的社群才能算是成功的社群，使用者社群的營運、推廣及組織都需要一定的營運策略，運用一定的技巧才可以達到理想效果。

4. 載體的選擇

優質的產品及業務可以稱之為較好的載體，但是這種品牌型的社群往往是最具挑戰力的；情懷型社群的營運也需要載體，主要有現實型與理想型兩種。現實型是指有具體可以依託的事物，如鋼琴、閱讀、腳踏車。這種類型的主要特徵是社群的個性較明確，但是有一定的範圍局限性，社群人數發展的規模會受到一定的限制。而理想型則要從夢想、科幻等超脫現實的事物入手，這種類型可以發掘的空間範圍比較廣泛，但最後還是要落回到現實的事物中來。

5. 社群營運的表現形式及視覺化程度

社群營運過程中所有的行為都是某種意義上的媒體及行銷，此外還需要自媒體或者影片領域的人才去引導社群不斷

壯大其規模，展示出更大的價值。當然，如果上述這幾點你無法達成，那就只能走自建社群外的另一條路，投資、合建社群。

6. 社群的定位還要結合你的初衷

你的目的是為了推廣產品，還是為了促進大家的共同進步，抑或是為了回報社會，當然你也可能是想要傳播你的價值觀。這些不同的目的都會影響你的社群定位目標甚至是營運的策略方法。而社群的目標人群，是行業領袖，還是創業者，抑或是如同邏輯思維中的網路知識型人才，當然也可以是類似小米那樣的大眾人群。

如何避免聚集大批烏合之眾

使用者群體的定位可能有所不同，但是其共通點在於掌握分析社群背後的需求和社交場景。社群在本質上是一種團體成員實現自我價值的生態系統，其本身存在著自我發展、吸收的能力。而且線上的使用者場景規劃，能夠推動社群的營運策略及營運目標的達成。

一些剛開始經營社群的人容易為了追求一時的使用者規模而「眉毛鬍子一把抓」，忽略了對使用者品質的控管，社群需要以價值觀的共鳴引發社群成員關係的連繫，這個連繫的

第3章 微商經濟學：行動網路時代，微商崛起背後的經濟學思考

牢固程度則取決於社群成員的品德高低。

定位了社群的成員群體之後，還要完成社群的價值及情感定位，即根據使用者的需求或者是性情特點，對社群進行定位。勵志型、娛樂型、文藝型、技術型等都可以用作對社群經濟的定位。

根據社群的定位為社群確定一定的橫向發展範圍，有了這個界定範圍才能有效避免出現一個散亂不堪、烏合之眾匯聚的零價值社群。

此外，還要擬定社群的策略方向，根據所掌握的資源確定縱深領域發展的限度。可以從大範圍全面展開、廣泛布局，也可以直接從垂直細分領域直接切入、逐漸累積。這與社群營運者的資源、能力、機遇、偏好等有較大的關係，不可一概而論。

最為關鍵的是一定要站在時代的潮流之上，小米藉助智慧型手機崛起的潮流成為了估值幾百億美元的社群經濟的佼佼者。社群經濟一定要考慮好社群成員的載體、價值觀、性趣偏好等，懂得識勢、借勢、造勢，你的社群經濟乘著風口才能一飛沖天。

粉絲經濟：
基於社群平臺的微行銷模式

微行銷這個詞在現代商業銷售手法中逐漸為人們所熟知，很多個人乃至企業都把目光投向這個平臺，利用社群媒體來推銷產品或服務，藉此為自己提供更多的銷售機會，以帶來更大的利潤空間。而究竟如何高效利用這個低成本平臺，是企業和個人在進軍時必須先要上好的一課。

產品的市場效應

社群媒體作為一個公共平臺，具有看似矛盾實則存在辯證關係的兩個特點：封閉性和開放性，如圖 3-2 所示。

圖 3-2 WeChat 的兩個主要特點

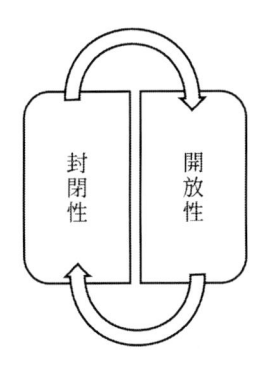

所謂封閉性是指宣傳頻道主要在於朋友圈，而具備宣傳能力的「大圈」是由一個個「小圈」因為某幾個人而關聯在一起，彼此之間於外界而言存在封閉性，這就要求產品的品質一定要過關，在市場中的反映度要好，只有這樣圈子裡的人才會主動去分享，從而達到宣傳推

第3章 微商經濟學：行動網路時代，微商崛起背後的經濟學思考

廣的目的。

所謂開放性是指作為一個社交網路，其傳播速度和廣度是驚人的；相應地，倘若產品本身在市場中的負面效應過大，那麼該不良效應則會透過社群媒體迅速蔓延。

因此在利用社群平臺之前，商家必須要做好充分的市場調查，收集市場回饋，以便控制投資風險，利用好社群平臺，提高收益率。

內容的傳播效應

與其他平臺相比，社群平臺最大的特點是該平臺的活動大多都是由使用者的參與而形成的，使用者的參與度代表該平臺的活躍指數。因此，在社群平臺上做出的推廣內容須具備網路內容的特性，即趣味性和互動性，要吸引使用者的眼球，使用者才會主動去分享企業的內容。

一個企業若想做好自己的官方帳號，極為重要的一點便是其發出的內容需得滿足大部分使用者的需求，不能顧此失彼，以一部分使用者的厭惡為代價來迎合另一部分使用者的喜好，這是得不償失的。

過程的至善至美

微行銷所推出的是從產品銷售到售後服務這樣一個完整的產業鏈，任何一環的紕漏都會對其行銷造成不良影響。其

中最基礎的當然是產品本身的品質，好的產品本身就是最大的說服力。另外，產品推廣過程中所涉及的環節，諸如產品包裝、售前諮詢、售後追蹤以及售後服務等，都會作為產品的附加價值成為影響使用者判斷的重要因素。

只有每一個環節都做到至善至美，才能讓使用者體驗一次愉快的購買過程，從而促進品牌形象的傳播。

使用者的極致體驗

在微行銷中，商家透過虛擬平臺來完成與使用者之間的溝通，而如何透過有限的溝通來挖掘出使用者的需求是行銷成功的關鍵之處。作為一個服務行業，其競爭的實質相當程度上來說就是使用者的競爭，只有針對使用者的需求和習慣來不斷完善自己的服務，提升產品品質，給使用者極致的體驗過程，才能獲得行銷的成功。

比如，對於諮詢回覆，商家不能設定統一的回覆模版來應對所有的使用者，要讓使用者感覺到自己是在享受人性化服務，而不是僅僅面對一臺冰冷的機器。提升使用者的體驗品質是商業體系執行通暢的一個關節點，把使用者的價值放在重中之重的位置，是企業經營的智慧展現。

宣傳的熱點討論

「熱點」往往代表了當下人們的關注點，如今網路發達，

資訊傳播迅速,熱點很容易引起大眾討論。而這些熱點基本上是融時事和觀點於一體的,從行銷角度來說,這就是極具行售價值的內容。

針對行業特點來對這些內容進行整合,加以相應的評論以及與自己行業的結合,稍加論述,便能夠形成一篇很好的行銷文章。以這些熱點為噱頭來順勢引出行業產品,既能吸引顧客的注意力,也能使產品時刻與時代相結合。

情感的交會共鳴

微行銷藉助網路閱讀之便,其「情懷行銷」更容易施行。打「情感牌」引起使用者的共鳴是一種較為有效的手法,能給商品賦予豐富的「情感價值」。

例如,賦予產品或者企業一個感情豐富的故事。故事的來源非常廣闊,品牌創業者的創業經歷、客服人員在與客戶交流時無意中得到的故事等等,倘若注意蒐集和整理,並從其中挖掘出與產品相關的價值內容,那麼就會整合出非常具有感染力的行銷內容。

內容的社會化整合

收集整合資源,並加上自己的再創造,然後透過社群平臺推薦出去,會使粉絲們感覺到該企業官方帳號能提供有價值的東西,從而提升了平臺在粉絲中的信譽度,此後該平臺

推廣的內容也就能夠更容易被粉絲所關注。

而通常來說，這些資源的獲取還是非常便利的。利用網路，透過關鍵詞的廣泛搜尋便可能獲得許多相關資源，從而深入挖掘出與產品或企業最相關、最有價值的社會化評論。進行整合編纂之後，彙整合文章予以推廣介紹。有很多內容，比如脫口秀，其內容新鮮有趣，生動活潑，頗受網友喜愛，將類似於這樣的內容整合至社群平臺，必然也會受到粉絲們的關注。

細節成敗論

在微行銷中，人們往往容易忽視一些細節，而這些細節往往發揮著至關重要的作用──讓你或者加速成功，或潰於蟻穴。那麼行銷中值得注意的細節都有哪些呢？

1. 藉助巨人的肩膀

對於剛接觸微行銷的新手來說，閉門造車是行不通的，多借鑑前人的經驗，尤其是對於優秀的行銷行家，研究與思索其經營的成功之處在哪裡，並與自己的行業進行類比，看看有沒有能借鑑的地方，再逐漸形成自己的模式。

2. 與使用者保持良好溝通

所謂的溝通並不是指一刻不停地向使用者推薦自己的產

品，要知道過猶不及，那樣反而容易引起使用者的反感。多為使用者分享有價值的內容，逐步培養起使用者的信任感，才能為此後的行銷打好基礎。

3. 推廣使用者的明確

對於每一次推廣介紹的對象，其數據要盡可能地全面，使讀者能夠從內容中了解到對象的詳細資訊，從而提高使用者的信任度。

4. 為讀者著想的態度

經常徵詢使用者的意見，包括使用者感興趣的內容、便於接收訊息的時間等等，從而創造出更多與之交流的機會。

5. 品質比數量重要

不盲目地追求使用者的數量，數量越多不等於每一個粉絲都是有效客戶，如果不能轉化成商業價值，粉絲的數量就沒有意義。因此，開發有價值的高品質粉絲遠比一味追求數量更重要。

6. 樹立自己的觀點

企業獨特的觀點決定了該企業未來在該行業中能占據領先的地位。在推廣過程中嵌入與眾不同的亮點能夠給使用者帶來不一樣的獨特體驗。

7. 短小精悍

微行銷中相關文章的發布並不是字數的長篇累積，以五六百字的篇幅為宜，內容表述應簡約而不簡單，能夠有充足的空間留給使用者來想像和思考。而有限的文字一定要展現出精緻的內容，高品質的內容才能引起使用者的廣泛分享。

8. 圖片的重要性

在微行銷中，圖片最能夠吸引人的眼球。選擇與企業相關的圖片並恰當地穿插進內容中，是微行銷注重細節的表現。

9. 與使用者的互動性

重視與使用者之間的溝通交流。社群平臺不能夠引起眾多人的分享評論進而形成熱潮，而只能與使用者進行溝通來提高使用者的信任度。此外，還應當注重個人帳號與公開帳號之間的粉絲共享，將資源融會貫通。

10. 內容提前預熱

推送的內容不可盲目，而是要提前做好產品的整體規劃，逐次進行推廣介紹。推廣內容會直接影響使用者的購買期待，因此提前進行內容預熱是十分必要的。

第3章 微商經濟學:行動網路時代,微商崛起背後的經濟學思考

11. 認證提高信任度

微行銷中企業是否得到認證將影響使用者對企業的第一印象,因此儘早完成認證可幫助企業提高其在使用者之中的信任度。

12. 微行銷模式的最終落腳點

社群平臺的溝通並不是全部,人與人之間的交流才是最本質的。因此,在使用者訂購之前透過電話進行交流更為直接有效。

總而言之,社群平臺提供的僅是一種推廣交流的工具,而真正發揮作用的依舊是幕後對其進行操作的人,擺脫機械化宣傳,發揮人性化優勢,是微行銷取得成功的重中之重。

信任經濟：信任產生價值，微商重塑買家與賣家的關係

　　基於「連繫一切」的社群平臺發展起來的微商，自興起以來就轟炸了所有閱聽人的認知，如今更是成了大眾討論的一個焦點。為何關於微商的討論會如此熱門呢？這就需要從微商略微尷尬的現狀來進行分析了。

　　如今，席捲了社群媒體的微商稍顯後繼無力，其發展已然遇到了瓶頸。一方面，雖然產品仍然如火如荼地在首頁裡洗版，但微商們的臉色隨著「錢途未卜」而變得無奈起來。另一方面，曾經門檻很低的購物平臺創業隨著時間的發展，創業成本變得越來越高，前仆後繼的購物平臺賣家紛紛擱淺，於是大部分賣家將賺錢的希望轉向了微商。

　　就是在這樣的形勢下，微商們的神經變得敏感起來，稍微有點風吹草動，微商們就如臨大敵。其實，這也難怪，畢竟如今的形勢日新月異，又恰好處於新舊交替的階段，電商領域正從傳統網路向行動網路過渡，在這個重構的風口浪尖上，微商作為探路者自然需要小心謹慎。

　　也正因如此，民眾對微商的討論就越加熱烈。然而，在

第3章 微商經濟學：行動網路時代，微商崛起背後的經濟學思考

這些討論中，不乏理解有偏差的內容出現，微商的概念在這些有誤的認知中呈現出了狹隘化趨勢。

微商不是首頁賣貨

很多人接觸微商都是從社群媒體中突然出現的各式商品開始的，之後才知道了「微商」的概念，於是許多人就把微商和首頁賣貨等同了起來。其實，這種理解是不正確的，首頁賣貨屬於微商的一種，但微商並不是首頁賣貨。

微商，從本質上來說，就是行動社交電商，依靠行動社交而存在，它主要有兩種模式，即 B2C 微商和 C2C 微商，前者是以官方帳號為依託，後者則指在群組裡開店。所以，微商不僅僅是首頁賣貨，還包括群組開店、平臺贊助等等。

或許，因為基於首頁賣貨這種理解，微商的「微」指的是微小，這種行銷模式是從微小的關係做起，一步一步地溝通經營從而建立起一定的信任。

去平臺化
去流量化
去品牌化

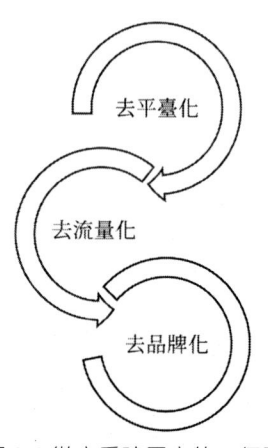

圖 3-3 微商重建電商的 3 個關鍵

微商，並不是傳統電商的延伸，而是一個重新建構的過程；在這個過程中，微商要做到的是去平臺化、去流量化以及去品牌化，如圖 3-3 所示。

- 去平臺化，就是指做微商的商家不再受到平臺的制約，傳統的電商是必須依賴平臺才能立身並生存下去的；
- 去流量化，指的是匯聚一切可以利用的社群媒體，將商品一鍵分發下去；
- 去品牌化，則是對產品品牌效應的一種弱化，如今市場上各種小且美的產品比比皆是，品牌不再是消費者的首要選擇。

微商正在改變什麼

直到現在，整個微商界在交易系統、信用保障以及保護權益機制等方面都沒有一個成熟的制度，可謂舉步維艱。然而，奇怪的是，仍然有許多人對微商前仆後繼，紛紛參與進來。

這究竟是為什麼呢？微商究竟有什麼魔力，引得眾人如此追捧呢？如果我們稍加分析的話，可以發現微商在不知不覺之中好像改變了什麼。

第3章　微商經濟學：行動網路時代，微商崛起背後的經濟學思考

1. 從群體結構來分析

對於自商業來說，我們首先要從群體結構來分析，之所以很多人認為微商就是在群組裡賣貨，是因為微商是從電商開始做起的，繼而經過了微電商的階段到達了微商，這其實就是一個從雛形到成熟壯大的過程，是微商不斷完善自身的一個過程，也是擴充這一群體並使之得以延伸的一個過程。

2. 從閱聽人的購物行為中進行分析

在 2014 年的「雙 11」購物狂歡之中，商城達成了 571.12 億元的交易額，其中有 42.6% 的比例來自行動端，而且在 PC 端下單後再由行動端支付的情況也大有人在，閱聽人的購物習慣已經漸漸地從 PC 端向行動端轉移了，應該說微商在其中所起的作用不容小覷。

3. 從 C 端的使用者身分分析

比如，你對時尚很感興趣並有所了解，透過社群媒體購買了一款較為熟悉的產品，使用過後覺得很不錯，你就可以考慮做這款產品的代理或分銷。這時候，你不能再單純地被歸為 C 端的使用者，因為你已經有意識地向 B 端進行轉換，也就是說，你從一個買家變成了一個賣家。

4. 從商業參與雙方的關係進行進一步分析

在傳統的電商時代裡，存在的是「人 —— 產品 —— 人」這樣一種單純的商業情況，由產品來搭建起買方與賣方的橋梁，此外並沒有其他任何聯絡。然而，微商屬於行動電商，商業參與雙方的關係就不是那麼單純和直接了，因為他們最先存在的是社交關係，然後透過社交關係達成買賣產品的交易，這種模式是循環的，將會不斷傳播。

為什麼說微商是一種「信任經濟」

經過分析，我們會發現，原來微商在潛移默化之中已經為我們帶來了如此多的變化，那麼，微商的未來是怎樣的呢？就這樣如履薄冰地前進著的微商會走向何方呢？或許，信任經濟就是一個答案。

1. 微商的依託平臺是行動社交終端，其發展的基礎和前提就是信任。

我們來看一下做微商的一個流程。

- 第一步，是與閱聽人建立關係，這需要對方通過你的好友申請；
- 第二步，是引起好友對你的產品的興趣，這就需要你能抓住好友的心理喜好；

第3章　微商經濟學：行動網路時代，微商崛起背後的經濟學思考

■ 第三步，是和好友建立長期的信任關係，這就需要你及時與好友進行互動和交流。

其實，這就是一個使信任不斷得到深化的過程，在這個過程中，可以使原本素不相識的陌生人變成擁有一定信任基礎的熟人，從社交中的弱關係轉換為強關係。然後，這些已經對你產生了基本信任的好友就會對你的產品產生一定的信任，接下來，只要產品品質有保障，再輔以體貼的服務，那麼成交就不成問題了。

2. 微商在朋友圈的傳播途徑主要在於分享，從中會獲取到一定的價值如今這個時代，是一個分享的時代，大家不僅樂於分享自己的生活狀態，還樂於分享一些有趣的文章或是新鮮的事物，之所以如此樂此不疲，是因為分享能夠為我們帶來樂趣。這種分享是無償的，因為它帶來的並不是直接的利益。

基於此，我們可以相信，一旦有有償的分享，那麼參與者肯定會有不少。在有著信任關係的朋友圈內，分享一些朋友們或許會感興趣的東西，而感興趣者則正中下懷，還節省了自己搜尋的時間，這樣就產生了一條新的生意鏈。

3. 微商能否成功地吸引到閱聽人在於其影響力。

微商的門檻與購物平臺相比可謂更低，人人都可以參與

進來，但是能夠參與並不代表能夠成功。雖然微商是一步一步走出來的，但是專業人士或是公眾人物比草根更容易成功。因為專業人士在其領域裡顯得比較權威，而公眾人物則有群眾基礎，較容易得到閱聽人的信任，所以他們有著一定的影響力。在微商的領域裡，有影響力就有優勢。在閱聽人眼中，產品被人格化了，他們把產品和人結合在了一起，比如 iPhone 和賈伯斯（Steve Jobs）。

所以說，微商是建立在信任的基礎之上的一種經濟模式，沒有信任就不會產生交易，沒有交易經濟也就無從談起。隨著資訊科技的不斷發展，行動網路的資訊化會更加透明，由此發展起來的經濟關係就會更加強調人與人之間的關係，微商就是典型的例子。

第3章　微商經濟學：行動網路時代，微商崛起背後的經濟學思考

分享經濟：Web 3.0 時代，微商如何展現分享經濟理念

隨著智慧行動終端的普及，社群媒體逐漸成為人們相互連繫的重要管道之一。作為時下最熱門的社交平臺正在向商業平臺演變，微商應運而生，成為當下最紅的賺錢方法。

不過有業內人士認為微商已經江河日下，還列舉了眾多社群媒體必衰的原因，不可否認，這種看法是有一定依據的。但是在我看來，在經過初期的探索、發展之後，功能更加完善，為行銷行業帶來了顛覆性的變化，已經由粗放式發展的初期過渡到蓬勃成長期。

微商是 Web3.0 時代的新產物

提到微商，追根溯源我們必然會想到網路，網路和行動網路的發展帶來了商界革命，品牌商家也在轉變著自己的行銷策略以適應網路革命的不同時代。而網路革命經歷了 3 個不同時代。

分享經濟：Web 3.0 時代，微商如何展現分享經濟理念

- Web1.0 時代：使用者是網站的瀏覽者，以點選流量為盈利點，這是一個「他們說，我們聽」的「資訊時代」，如入口網站。
- Web2.0 時代：使用者是網站的瀏覽者，也是製造者，以使用者參與為主要特徵，這是一個「一部分人說，我們聽」的「社交時代」，如社交網站。
- Web3.0 時代：使用者的個性化參與是其顯著特徵，可以更有效地聚合使用者資訊，這是一個「人人說，隨時說」的「碎片化溝通互動時代」，如行動 App。

微商，是分享型經濟的展現

什麼是分享型經濟？所謂分享性經濟又稱合作型消費，推崇「使用而不占有」的理念。而微商則將這種理念表現得淋漓盡致：微商是藉助社群平臺將自己的產品推銷給消費者，實現商圈的健康循環發展，整個過程就是使用而非占有。

接下來，我們就深入分析一下微商作為分享型經濟展現在哪些層面，如圖 3-6 所示。

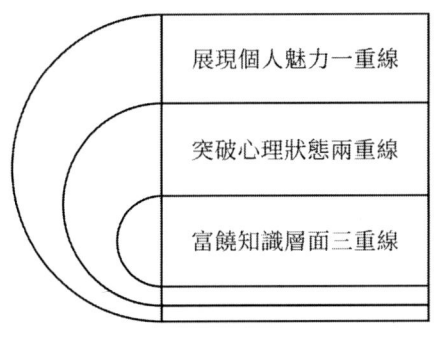

圖 3-6 微商作為分享型經濟體現在 3 個層面

第3章　微商經濟學：行動網路時代，微商崛起背後的經濟學思考

1. 展現個人魅力一重線

每個人都可以藉助社交平臺來展現自己的個人魅力。事實上，我們在主頁發表狀態、與自己的朋友或客戶進行一對一的交流溝通就是「分享型經濟」的展現。

因為我們是在藉助這個平臺，向自己的朋友表達自己的情感，與客戶分享知識、產品，這就幫助你形成了自己的個人魅力。之後的聊天以及信任度的建立，乃至你成功完成交易，都是藉助社群平臺分享內容來實現的。

2. 突破心理狀態兩重線

做微商首先要做的是調整好自己的心態。心態行銷作為「分享型經濟」的一種表現已經成為微商自我發展的重要內容。假如你是初級微商，肯定會對自己的無知感到十分難過，這時就需要你以一種積極向上的心態來慢慢學習。所以，微商如果可以將自己的陽光、積極、正向最大限度地展現給客戶，這將是最成功的自我行銷。

3. 富饒知識層面三重線

微商需要具有豐富的知識，而知識不僅是學來的，更是自己在實踐過程中所獲得的經驗累積，而將這些經驗分享到朋友圈，則是自我行銷。朋友或者客戶因為你的分享成為產品或者你的追隨者，進而成為產品的分銷商，這種角色轉換

實際上就已經幫助你實現了經濟循環。

所以說，微商就是分享型經濟的展現。微商借助社交平臺，將自己的「分享」作為一種載體，實現了輕鬆賺錢的夢想。微商所依傍的是一條完整的經濟鏈條，加之分享過程的簡單易行，相信微商的路會越走越遠，越走越寬。

傳統行業試水微商亦不難

微商分為兩類：一是以個人為單位的 C2C 微商，二是以企業或商家為主的 B2C 微商。有人認為傳統企業妄圖在這個繁雜的經濟圈中分到一杯羹是相當困難的，但是這種過觀點恰恰錯了。

1. 傳統商家玩轉新媒體工具

App 是任何商家和個人都不能無視的新媒體工具，它們已經成為商家獲利的重要管道。要想成為成功的微商，既要明確這三者之間的區別，又要對其進行綜合利用。

透過社群平臺我們可以獲取更多的粉絲，提高知名度，然後向 WeChat 導流；WeChat 將導流來的粉絲和自己拓展的使用者一起做成客戶關係管理，提供統一管理與服務；App 則可以透過手機或其他移動裝置實現數據打通，進行數據監測。藉此，傳統商家就可以試水微商，並開拓自己的商業新天地。

2.「O2O ＋ C2B」 混合模式完美結合

在行動網路時代,傳統企業要想進軍電商產業,O2O 是必須要面對的問題。但是談及傳統企業的微商發展,僅單純探討 O2O 是不現實的。傳統行業要想實現微商轉型,必須要採取輔助手法,即「O2O ＋ C2B」的混合互動模式。

O2O 專注線上線下,這就可以將企業開展的行銷活動引流到代理商的微店、網店;而 C2B 則可以利用社群平臺,為這種以社交關係為基礎的行銷模式彙集更多的粉絲使用者。這種模式融合 O2O 與 C2B 的優勢,能幫助傳統行業實現企業轉型。

微商未來的兩個既定方向

微商必死是無稽之談。在我看來,微商未來的發展有兩個既定的方向,如圖 3-7 所示。

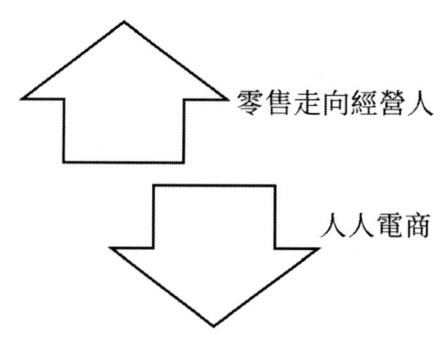

圖 3-7 微商發展的兩個既定方向

1. 零售走向經營人

微商的行銷目前處於零售階段，但是未來將會進入經營人時代。在微商發展的規範化、專業化過程中，行銷策略也會由過去的以商品和管道為中心轉為以粉絲使用者為中心，這樣整個行銷過程就顯得更有人情味，在平臺去中心化的同時也實現了品牌中心化。這一方向向我們展示了一個嶄新的行銷時代。

2. 人人電商

所謂「人人電商」就是說人人都可以開店。微商既是買方又是賣方，透過社群媒體將商家和使用者變成好友，在個體與個體的相互交流中不僅可以實現盈利，還可以獲得更多的好友。微商所經營的是熟人圈子的生意，社交因素較明顯，透過熟人推薦以及分享購物心得的方式，在弱化平臺搜尋購物習慣的同時也更好地擴展了「人人電商」的理念。

「零售走向經營人」和「人人電商」都強調要以「人」為中心，不管哪條道路走得更遠，兩者都已然展示出微商發展的廣闊前景。

接觸微商的人越來越多，必定會有人制定行業規範，將之打造為健康、規範的市場。

就目前來看，朋友圈行銷只是微商發展的一個過渡性行

銷手法，隨著微商市場的規範化發展，會出現更多的專業行銷模式，而微商的發展也會回歸到產品和服務這兩個商業發展的最原始層面。所以，微商的發展不會是日漸黃昏，我們將會迎來微商 2.0 時代！

創客經濟：微商創業背後的經濟價值

　　傳統電商開的實體店具有一定的局限性，它的影響只能覆蓋到周邊，而且成本較大；許多 B2C 平臺，受限於傳統電商所固有的流量和價格戰的困擾，也正逐漸走入死胡同；如果將店商和電商都比作在高速公路上飛馳的高級轎車，那麼微商就是後來居上的跑車；但是，不管是店商、電商還是微商，三者誰都不能取代誰，於是，造成了現在「三足鼎立」的局面。圖 3-8 所示為微商發展的四大轉變點。

- 轉變點一：野蠻生長的人口紅利期已過
- 轉變點二：種類紅利已過，全種類登上舞臺
- 轉變點三：草莽結盟團夥紅利已過
- 轉變點四：暴力洗版+虛假交易已經淘汰

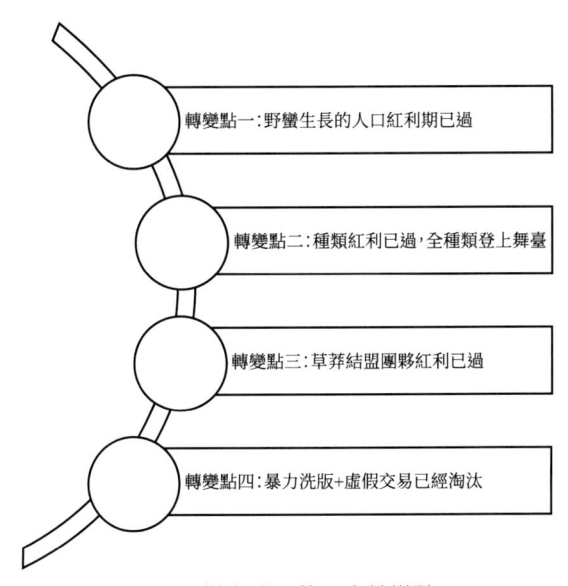

圖 3-8 微商發展的四大轉變點

第3章　微商經濟學：行動網路時代，微商崛起背後的經濟學思考

1. 轉變點一：野蠻生長的人口紅利期已過

2014 年，微商進入了野蠻生長的階段，微商團隊大多採用層層代理的模式，即總代將拿到的第一款產品轉給一級代理，一級代理轉給二級代理，二級代理轉給三級代理……這樣一級一級轉賣出去，所以不管你賣什麼，只要你能找到下一級代理，你就能從中賺取利潤。

在微商快速發展的這段時間，具有創業和賺錢想法的人都想從中分得一杯羹，於是很多人加入其中，從事微商。在做微商的過程中，一些底層代理商開始慢慢地意識到自己並不是微商，而成為了「最後買單的人」，商品賣不出去，而產品面臨過期問題，最後只能自己使用。這種現象給很多代理商帶來了嚴重打擊，並促使其離開這個生態圈，業績開始嚴重下滑。

從本質上講，這一階段微商就是因為抓住了人口紅利期，才賺取了豐厚的利潤，可惜現在人口紅利期已過。

2. 轉變點二：種類紅利已過，全種類登上舞臺

在微商野蠻生長的階段，有不少黑心商人拿著「三無」產品混進微商隊伍中欺騙顧客，顧客上當受騙的案例屢見不鮮，導致新聞媒體開始曝光和打壓面膜微商，使得微商們變得人心惶惶。

在今後的一段時間，種類供應將不再局限於單一的種類，而會形成較全面的多種類供應，多數會涉及保健品、電子產品等。由此可見，種類的紅利期已經成為過去，微商只有用心做事，以產品為中心，滿足顧客對產品的高品質、多種類需求，才能贏得市場。這給許多中小品牌的微商營造了一個絕佳的機會。只有這樣，微商才足以撐起店商、電商、微商三足鼎立的局面。

3. 轉變點三：草莽結盟團夥紅利已過

人口紅利和種類紅利在微商時代都已過時，交錢拿貨這種單純的利益捆綁和層層代理模式，在當下日益成熟的微商時代已經不能存活下去，變革成為必然。隨著更多人認知到微商的這種層層代理的本質，底層代理就不願再做替死鬼，那麼，上層代理的業績必然下滑，是自己承受後果，還是指望利益團體拯救自己？

2015年，很多微商團隊出現了嚴重的業績下滑現象，原因即如上所述。對於那些具有高品質產品但面臨業績下滑的團隊，我給出以下建議：建立並擁抱平臺、重組並最佳化結構、加強動銷培訓、選擇優質產品。微商團隊要想在微商這條道路上越走越遠，就必須加強專業整合行銷能力和團隊管理能力。

第 3 章　微商經濟學：行動網路時代，微商崛起背後的經濟學思考

4. 轉變點四：暴力洗版＋虛假交易已經淘汰

內容是產品或品牌行銷的基礎。內容經營包括文字的、視覺的、活動的、線下的，使用者透過網路獲取產品內容，那麼，什麼樣的內容會對使用者具有吸引力？我們可以把自己當成使用者進行換位思考，答案就顯而易見了──自然是有趣的、有價值的、有料的內容，只有這樣的內容才會帶給使用者一種良好的閱讀體驗。

內容是行銷最為關鍵的部分，只有把內容做好，產品的行銷才會做好；而行銷又是以創造影響力為目的，有了廣泛而深遠的影響力，才能創造巨額利潤。所以，內容要突顯個人品牌的獨特之處，做到獨一無二、出類拔萃，影響力自然就會形成。在產品多樣化的年代，只有擁有專屬於自己的個性品牌，別人才會對你過目不忘，銘記於心。

微商趨勢變革：人人創客

「人人創客」是基於人的關係，依託微商平臺，開創了一條新的微商之路。

「人人創客」以個人為中心、以信任為紐帶，透過行動網路，將利益共享。這一過程中人與人的關係是基礎，每個參與者都是創業者，同時也是消費者，像這種人人參與而形成

的群組織,大家可以彼此分享的經濟生態,是未來微商的必經之路,如圖 3-9 所示。

圖 3-9 人人創客的微商模式

人人創客的微商模式				
以「去中心化平臺」為基礎	以「個人創客」為中心	以「可靠產品」為核心	以「體驗王道」為關鍵	以「創客社群生態」為聚合

1. 以「去中心化平臺」為基礎

「去中心化平臺」解決了微商的三大痛點。

- 貨物不會出現囤積的現象,解決了貨物儲存的問題;
- 透過行動支付,解決了消費者與經營者之間的交易問題,並保障了消費者的權益;
- 解決了產品從經銷商到消費者的銷路問題。

在「人人創客」的模式營運中,每個人既是創業者也是消費者,以社交媒體為載體,對產品進行推廣,然後獲得佣金,這一整個過程形成了完整的電商購物鏈條。在「人人創客」的情況下,只有不斷地學習並累積與行銷、推廣、團隊管理等相關的知識,並積極接受培訓,才能獲取更多的佣金。微商會在數據化管理下變得越來越專業,越來越正規。

第3章　微商經濟學：行動網路時代，微商崛起背後的經濟學思考

2. 以「個人創客」為中心

這裡所說的創客是指那些透過自己的知識、能力、人脈資源和人格魅力來做微商的人，他們能夠認清微商的本質，並不以賺錢為唯一目的，所以不會出現「層層代理、底層代理買單」這種現象。比如，某人在某個領域有一技之長或者對某一方面很有見地，同時具備創業精神，能夠對身邊的人或者一批粉絲產生影響，進而影響他們的消費決策。

3. 以「可靠產品」為核心

微商並不是任何產品都可以做的，只有那些與人的生活密切相關的、可以產生附加價值和溢價的產品才適合做微商。產品選擇在「人人創客」模式的營運中發揮著至關重要的作用，在選擇產品的時候，並不能只單純地選擇那些具有豐厚毛利的，以及人們經常使用的快消品、高頻消費的產品，而是要更加注重產品與人的密切關係，要讓消費者對產品品牌產生信任，從而產生品牌溢價。

4. 以「體驗王道」為關鍵

從本質上來講，微商賣的不是產品，而是個人品牌，也可以說是透過使用者回饋，進而改進產品的過程。這就意味著，使用者購買產品只是一個開始，透過觀察使用者對產品的使用情況並與使用者進行溝通交流，以及及時總結使用者

對產品的回饋，這些都是微商必做的後續事情。像這種社交化微商，為使用者帶去的是個性化、服務化的體驗式產品。

所謂創客，就是要有一定的創業精神和服務意識。在「人人創客」的時代，不僅創業者是創客，使用者也是創客，使用者透過自身對產品的親身體驗，將產品進一步最佳化，從而提升未來使用者的產品體驗。只要你擁有足夠廣的人際關係、足夠好的口碑、足夠強的創客影響力，那麼，其他的事情就水到渠成了。

5. 以「創客社群生態」為聚合

「社群」與「社群生態」是截然不同的兩個概念，社群只是一個群體，而社群生態代表的才是商業。然而，創客社群不僅僅是粉絲和興趣相投者的一個聚集，它的背後還隱藏著一種商業生態。根據興趣愛好、品牌粉絲、知識分享、企業內部協同效率等，可劃分為四種社群。

「創客社群生態」的最終目的，是讓社群裡的每個具有相同價值認可的人，可以獲得更全面、豐富的資訊，每個人在社群裡都可以積極參與討論，在利益驅動的情況下，讓每個創客在社群中都能找到一種歸屬感。所以說，只有具備價值認可、人人參與、知識補充、利益驅動、歸屬感這五大特點，人人創客、社群生態才能長久地發展下去。

第3章　微商經濟學：行動網路時代，微商崛起背後的經濟學思考

第 4 章
跨境微商：
全球網路浪潮下，
微商的下一個爆發點

第 4 章　跨境微商：全球網路浪潮下，微商的下一個爆發點

跨境電商時代,「跨境＋微商」引領微商 2.0 模式的新突破

微商的爆紅不僅讓眾多的品牌商紛紛進入微商行列,同時也吸引了跨境電商的目光,微商中的平臺分銷管道讓跨境電商們垂涎欲滴。當然,跨境電商對微商的關注對微商來說也是一件好事,推動了平臺服務商積極試水跨境電商。

那麼,跨境電商與微商在碰撞中會迸發出怎樣的火花呢？

將微商做到海外

2015 年 5 月,上線了一款可以應用於全球的 C2C 行動電商平臺,讓使用者可以透過便捷以及免費的方式在平臺上建立自己的行動線上商店,並利用社交網路來銷售商品。使用者可以拍下將要銷售的商品,並透過平臺將連結分享到社交網站上,比如 Facebook 和 Whats App 等。

之所以推出這一行動電商平臺就是希望能將每一個使用者都變成潛在的行動零售商,並在全球成立眾多的小型行動線上商店,讓每一個使用者都可以透過社交網路向目標消費群推銷自己的商品。

而社交網路的去中心化趨勢，也看到一個新的契機。未來在新契機下，如果抓住機遇實現顛覆性的創新，那麼就將能在行動電商領域擁有更多的話語權。

發揮媽媽的力量重塑生態體系

專業進口母嬰用品的特賣商城開啟了微商項目，利用獨立的 App 展開業務。使用者可以分享平臺上的所有商品，當分享的連結被消費者點選並完成交易之後，使用者就可以從中賺取相應的佣金，佣金可以隨時檢視和提現。

對於高標準和嚴格要求的母嬰產品來說，更適用於口碑傳播，透過口耳相傳將品牌的名號打出去，而且媽媽們都有比較強烈的分享意願，只要是用起來比較好的商品都願意與其他媽媽分享，這對於進軍微商來說是一個巨大的優勢。

分銷平臺的建立進一步完善了生態系統，利用自身跨境供應鏈方面成本上的優勢以及種類豐富的母嬰產品，分銷平臺可以獲得更快的成長，同時也有利於推動社交電商屬性實現進一步更新。

以「貨」與「錢」的服務為切入口實現跨境

為商家提供商城搭建服務的平臺也開始低調進入跨境電商領域，只不過其經營方式與經營思路與口袋購物有明顯區別。

第 4 章　跨境微商：全球網路浪潮下，微商的下一個爆發點

事實上，從 2014 年開始，就已經開始有意識地試水跨境電商，主要是致力於為「貨」和「錢」的流通兩方面的問題提供相應的服務。比如，在跨境電商的購買頁面上新增使用者姓名以及身分證號碼，從而便於商家更從容地應對海關檢查。在「錢的流通」方面，開始嘗試引入一些海外的供應商，並幫助其解決外幣轉換的問題。

B2C 模式的微商更鍾情於海外產品

一間 KOL 店提供的商品主要包括家居、童裝、玩具、奶粉、洗護用品等，海外產品在其中占大多數，這些商品主要來自於美素、智高、樂高、愛他美、牛欄等國外品牌。

對於在電商經營過程中不可忽視的物流問題，此 KOL 店自建倉儲物流，並與第三方物流服務商開展合作，共同解決商品的倉儲以及運送問題。因此對於一些在內較稀缺的資源，該 KOL 店會直接透過海外供應商採購。

用遊戲的方式鼓勵使用者賣零食

一家跨境進口食品電商於 2014 年 11 月正式上線，主要經營休閒、保健以及母嬰食品等，並推出精選品限時特賣的銷售模式。在與跨境電商進行碰撞的過程中，這家食品電商推出了行動端的買手店。

商城的使用者同時擔當產品消費者和分銷商的角色。使

用者可以在平臺上開店,並將商城的商品在主頁進行分享和推薦;如果能促成交易,使用者就可以從中賺取一定的佣金。

此食品電商透過一種較為休閒娛樂的方式鼓勵使用者成為自己的分銷商,使用者可以根據自己的興趣愛好選取商品,然後自己設定售賣的價格,在產生訂單之後,後續的付款以及物流配送等都由該食品電商來負責。

讓使用者的「顏值」變成「價值」

在電商中,口碑傳播發揮了重要的作用,因此,粉絲經濟以及「達人」就變成了一種重要的行銷管道,眾多的達人們開始將社群媒體視為重要的宣傳場所。

這可以說是微商的一種模式和策略,利用達人在使用者中的影響力,將他們的「顏值」變成「價值」,透過對品牌的代言和宣傳,讓消費者更容易信任產品或品牌。

其具體的運作模式是:達人們將自己親身試用過的產品,專門寫一份使用報告,並上傳照片到社交網站,如果其分享的連結能夠產生訂單,那麼就可以獲得一定的報酬。

第 4 章　跨境微商：全球網路浪潮下，微商的下一個爆發點

跨境微商的三大商業模式：M2C 模式＋B2C 模式＋C2C 模式

2014 年，進口跨境電商迎來了快速發展期，短短一年時間裡，跨境進口電商產業鏈的規模就已經涵蓋了傳統零售商、物流服務商、供應鏈分銷商、電商大廠、新創業公司等。接下來，我將從總體環境、商業模式兩方面對跨境電商進行深入的分析。

總體背景解讀

1. 使用者需求潛力巨大

- 消費需求和消費觀念更新

目前中產階級電商使用者占大宗，消費結構極須更新，而食品安全、優質多元、CP 值高成了年輕一代網購群體的關注點。

- 海外商品認知提升

海歸及旅遊者的購物習慣影響了其周圍人群的消費行為，使大眾對海外品牌的認可度進一步提升。

2. 行業有待完善

▪ 物流清關包稅體系不成熟，售後體驗難保證

傳統跨境物流運送成本較高，而且效率低下，消費者購買的商品可能要半年之後才能送到消費者手中。清關報稅目前的關口資源配置上存在缺口，這些問題成為了阻礙物流效率提高的主要因素。由於是跨境交易，商品的售後問題是一個痛點，不過當前群體多為年輕一代，他們對於這種新生事物有著較高的包容度。一些企業奔著以使用者為中心的理念致力於解決使用者體驗中的問題。

▪ 供應鏈不穩定

海外的熱門商品品牌占據商品較大的比例，而且這些品牌商的貨源供給也存在較大的問題，跨境網購平臺為了保持銷量還常常採用複合管道供貨，成本較高，多數平臺近乎是不盈利營運。當前跨境電商的冗長的供應鏈體系較為複雜，尤其是各國之間政策與文化上的差異，造成了當前跨境電商供應鏈的困境。

▪ 資本驅動，多方加入競爭的同時又共創價值

從 2014 年 10 月分開始，多方企業開始入局。

大廠開始將跨境電商提升至企業的策略高度；

第 4 章　跨境微商：全球網路浪潮下，微商的下一個爆發點

新創企業抓緊融資步伐。

海外的電商企業也不甘落後，亞馬遜上線海外購物板塊，想要藉助自身國際化物流優勢開闢新市場。

物流的供應鏈服務商不斷進行供應鏈服務改革，最佳化服務流程，爭取打造一個安全合理的供應鏈服務體系。

在龐大的市場誘惑之下，各方形成多方位競爭，但畢竟跨境電商尚屬新興產業，各家的共同努力與協同進步將會推動跨境電商的全面發展。

跨境電商模式詳解

下面就當前存在的主要跨境進口電商商業模式進行分析，如圖 4-2 所示。

- M2C模式：平臺招商
- B2C模式：保稅自營+直採
- C2C模式：海外買手制
- BBC保稅區模式
- 海外直郵模式
- 返利導購(代營運)模式
- 內容分享(社區諮詢)模式

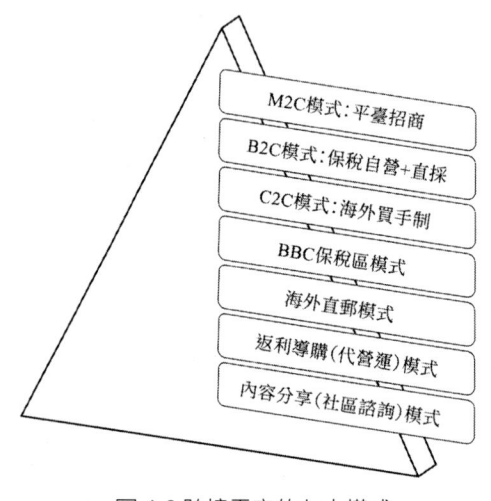

圖 4-2 跨境電商的七大模式

跨境微商的三大商業模式：M2C 模式＋B2C 模式＋C2C 模式

1.M2C 模式：平臺招商

其優點在於名牌的影響力大，消費者對其信賴程度比較高，這些品牌商家需要提供海外零售資格與授權，能夠保證海外商品直郵，並將提供本地的售後服務。

其缺點在於這些入駐的商家大部分為代營運公司，商品價格較高，而且品牌端不易管理，該模式當前正處於不斷最佳化階段。

2.B2C 模式：保稅自營＋直採

其優點在於平臺參與貨源選購、物流倉儲、買賣等環節，交易流程清楚簡潔，通常這種模式的商家還會利用「直郵＋閃購特賣」等模式來提高 SKU 豐富度（同類產品的可選擇性），降低自身的供應鏈所面臨的壓力。

其缺點在於商品種類受到限制，當前這種模式的商品的種類主要是熱門商品和標品（規格化的標類產品）。一些地區的商檢海關對產品種類有特殊的規。除了商品種類受限以外，資金也是一個較大的難題。B2C 模式的跨境電商要面臨上游供應鏈、物流清關效率、倉儲物流建設、行銷推廣活動等資金耗費量大的問題。

另外，這種模式經營的產品利潤較低，還要面對眾多的競爭者，能夠有充足的資金源源不斷地投入其中就顯得尤為

第 4 章　跨境微商：全球網路浪潮下，微商的下一個爆發點

重要。資金、使用者流量、團隊建設使 B2C 模式不再適合一些新創企業。

此模式的產品中有一個典型的代表──母嬰產品，此種產品是跨境電商中較為熱門的種類，而且是需求頻率較高的硬性需求產品，一些消費者剛開始接觸購買的此類別的商品。經營母嬰跨境電商的商家往往希望能夠簡化供應鏈，形成品牌口碑，得到使用者的信賴，然後借用這種口碑效應拓展其他種類的產品。

由於母嬰產品的特殊性，許多消費者目前只選擇幾種熱門商品品牌，而且消費者多為「80 後」、「90 後」的女性，她們接受過良好的教育，對於產品的品質要求較高。但一些熱門的品牌，如日本的花王，對跨境電商的熱情不高，平臺無法和其達成簽約供貨。所以，當前的商家只能被迫選擇用複合供應鏈來確保供貨。

這種供應鏈的供貨極不穩定，而且成本較高、無利潤空間，目前，一些平臺想透過「燒錢」來累積使用者流量而大打價格戰。目前的電商大廠們大多在依靠母嬰產品累積使用者流量，實力不足的新創企業大多選擇另闢蹊徑，尋求多元化的發展，從而形成差異化的競爭。

跨境微商的三大商業模式：M2C 模式＋B2C 模式＋C2C 模式

3.C2C 模式：海外買手制

它們選擇入駐平臺開店模式，經營的產品種類多以需求度不高的非標準化產品為主，但是根據長尾理論，這類商品只要儲存和流通量達到一定的規模，其市場占有率將會和市場上那些數量不多的熱賣品所占據的市場占有率相匹敵甚至更大。

其優點在於 C2C 模式改變的是供應鏈和產品的經營範圍，電子商務發展至今，其本質始終沒有脫離商業零售與消費者認知的範疇。從工業時代到資訊時代，商業零售變得以使用者為中心、生產商多元化，個性需求和情感滿足成為商品競爭力的核心要素。

在行動網路時代，社群經濟興起，同種社群的人在消費行為與消費需求上存在較大的相似性，人們之間的相互影響在社群媒體中被無限放大，「80 後」、「90 後」這一代人的使用者流量碎片化正是由於這些人的價值觀與消費行為所造成的，個性化與訂製化成為一種趨勢，由此催生了電商行動場景化。

在商品多元化的今天，如何提升資源配置，以便讓消費者能直接選擇到其所需要的商品，成了電商企業商業變現的重點所在。C2C 達人模式能夠在消費者社群中傳遞品牌文化與價值觀，從最根本上改變消費者的消費行為與消費心理，尤其是「80 後」「90 後」這一代人更加注重情感的滿足，平臺中的一些達人可以利用自己的超強影響力成功改變一些品牌

第 4 章　跨境微商：全球網路浪潮下，微商的下一個爆發點

的地位，從而影響消費者。

相較之下，B2C 模式更加強調產品及業務的規範化與標準化，PC 時代的商家需要獲得大規模的使用者流量。但是行動電商可以藉助社交化、場景化的特點經由 C2C 模式的營運平臺，利用非標準化產品滿足使用者的個性化與訂製化需求。

此模式的缺點在於平臺要依賴廣告與返點盈利的模式來獲得利潤的增長、服務體驗性較差，而且個人代購還存在著法律方面的風險，商業變現水準較低，獲取使用者流量以提升商業變現水準、形成品牌效應，將會成為此模式發展的關鍵要素。

4. BBC 保稅區模式

跨境供應鏈服務商透過保稅採取郵出模式提供貨源，而跨境電商平臺負責提供消費者訂單，而且一般由跨境供應鏈服務商向使用者直接發貨，另外，這些供應鏈服務商還會提供一些融資服務。這種模式的優點在於產業鏈結構簡單，平臺承擔的風險較小。但是這種模式本質上和一般的貿易行為並沒有太大的差別，潛在價值較低。

5. 海外直郵模式

典型的代表就是亞馬遜。

這種模式的優點在於 SKU 豐富度極高而且全球的供應鏈物流體系發達。其缺點在於跨境電商的最終之戰的焦點在

境內的轉化銷售上,掌握本土使用者的消費需求是真正的關鍵所在,亞馬遜的本土銷售能力到底如何,還有待時間的驗證。

6. 返利導購(代營運)模式

此模式的一種類型為技術型。它們主要為技術開發型平臺,自行開發系統連線國外的電商網站的商品,並將商品相關資訊自動翻譯為中文,幫助使用者完成下單,最初的跨境電商平臺就是採用的這種模式。另外一種就是網站代營運,即與國外電商簽約合作成為其中文官網的代理。

這種模式有著門檻低、利於使用者搜尋、海量的 SKU 等優點。但是其缺點同樣較凸出:從中長期看並無核心競爭力,而且庫存、單價等資訊的更新成為難點,一些公司選擇了轉型。

7. 內容分享(社群資訊)模式

這種模式主要適用於靠使用者產生內容的 UGC 模式、行動社交網路分享等引導消費者的社群電商。其優勢在於可以依靠天然的海外品牌,使用者流量比較容易轉化為交易。其缺點在於供應鏈能力還需要進一步加強。

第 4 章　跨境微商：全球網路浪潮下，微商的下一個爆發點

跨境微商主要玩家對比：誰將是跨境微商領域的最後贏家

品牌商	合作、探索、觀望、平衡
物流供應鏈服務商	趁「市」而上，服務前段
電商巨頭	鞏固原有地位，爭取更大市場
創業公司	在混戰中求生
傳統零售商	轉型已成必然
中小微商	毛利低，借平臺
消費者	認知提升，帶動市場壯大

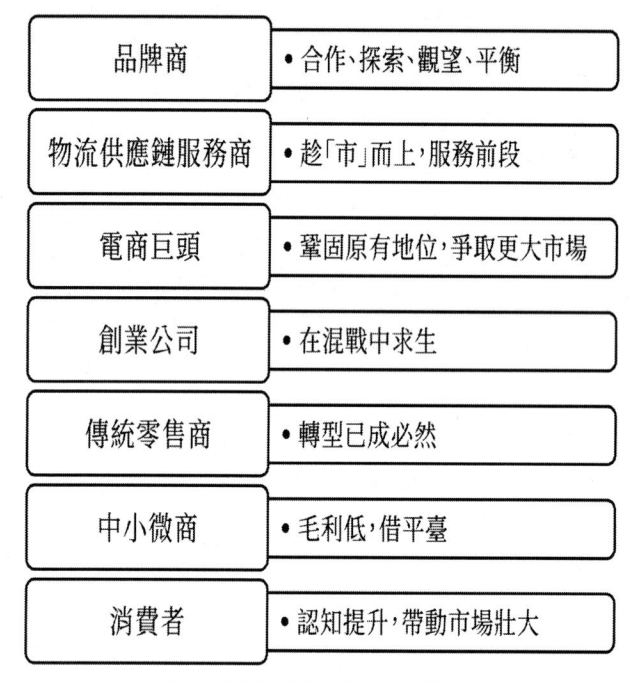

圖 4-3 跨境電商的「玩家群像」

1. 品牌商：合作、探索、觀望、平衡

經濟的快速發展令一些一線品牌企業在當前國際經濟局面較冷的境況下看到了一線希望，它們在探索著究竟該如何

在這個龐大的市場中搶下一塊蛋糕。

一些較為特殊的品牌商,如日本的花王,對跨境電商的熱情不高,它們普遍存在著擔憂跨境電商會破壞其品牌口碑的想法;而一些實力稍弱的品牌商則更傾向於合作。

2. 物流供應鏈服務商:趁「市」而上,服務前端

這一類往往是多年經營跨境交易的企業,它們在跨境貿易、分銷、物流以及供應鏈服務上有著足夠的經驗累積,藉著行業發展的勢頭積極地開拓進取,帶動了跨境電商整體服務體系的進一步發展。

3. 電商大廠:鞏固原有地位,爭取更大市場

從 2014 年開始,電商大廠就陸續布局跨境電商,它們在鞏固境內龐大使用者數量的同時積極備戰海外跨境電商業務。

使用者流量、資金、供應鏈以及海外的策略推廣能力成為跨境電商初期發展的核心要素,在這些要素上電商大廠們也面臨著一些困境,尤其是境內的電商對於國外的產業鏈了解較少,營運跨境電商業務的團隊成員在專業性上有一定的缺陷,無法將龐大的使用者規模價值展現出來。

供應鏈問題則是困擾絕大多數跨境電商企業的首要難題,根據這幾家電商大廠公布的數據來看,各家大廠跨境電商發展得並不是很好,而且隨著境內電商競爭的激烈程度進

第 4 章 跨境微商：全球網路浪潮下，微商的下一個爆發點

一步加劇，各家還要顧及原有業務的發展，最為重要的是跨境電商的人才培養需要較長的週期。這些條件為跨境電商新創企業提供了有利的條件。兆元級別的跨境電商市場絕對可以容納這些新創跨境電商企業的發展。

4. 創業公司：在混戰中求生

有著雄厚資金支持的大廠們加入跨境電商領域後價格戰提前打響，一些新創企業還在黑暗中慢慢摸索，資金方面的支持與供應鏈的完善對新創企業來說都是不小的難題，為數眾多的新創企業在艱難的環境中倒了下來，幸運存活下來的新創企業中，有一些得益於絕佳的策略布局，另一些則是獲得了充足的資金支持。

5. 傳統零售商：轉型已成必然

隨著電商的快速發展，傳統零售業被不斷蠶食。

相關數據也顯示：截止到 2015 年 4 月 9 日，29 家上市公司在零售板塊的營收數據有 16 家出現下跌，利潤也大幅度減少。在殘酷的發展環境下，傳統零售商中有一些企業也在嘗試發展跨境電商，準備向 O2O 方向轉型。

6. 中小微商：毛利低，借平臺

買手、朋友圈代購是中小微商的常見模式，一些人靠著這一模式也獲得了不小的收益，但是隨著有實力的企業的加

入，中小微商的生存空間被壓縮得越來越小。一些商家紛紛開始加入有實力的跨境電商平臺，希望藉助平臺的影響力來獲取更大的發展。

7. 消費者：認知提升，帶動市場壯大

跨境網購的消費族群主要由兩部分構成，其一是「80後」、「90後」的女性，主要購買的產品為母嬰產品；其二是海歸人士及在海外有過旅行購物經驗的人，他們不僅為自己購買所需的物品，還會為親朋好友購置質優價廉的海外品牌。

說起海外購物，當下並沒有一個可以讓消費者信賴的購物平臺，跨境購物的性質決定了要滿足消費者的需求，產品必須優質、多樣、低價、物流快，哪家企業可以做好這一點，就將會獲得大批消費者的信賴。

進口跨境電商很可能會掀起境內電商企業的最後一輪大規模洗牌，將會重新定義境內的電商格局，一些能夠在這次洗牌中存活下來的新創企業也會走上行業的頂端。隨著資金雄厚的大廠的加入，價格戰開始打響，一些中小企業的出路在於進行差異化競爭的轉型之路，能夠持有核心競爭力的新創企業將會獲得長足的發展。

各方企業的加入，會對行業的供應鏈進行整合，有利於實現消費的更新，使零售行業的規模與產業鏈獲得進一步發

第 4 章　跨境微商：全球網路浪潮下，微商的下一個爆發點

展。而經由各家企業的共同競爭所形成的跨境電商格局將會建構一個完善的跨境電商購物體系──世界商城體系。至於誰能夠獲得最後的勝利，將取決於企業所形成的價值網能否經得住各方利益集團的層層考驗。

誰會是贏家

進口跨境電商局勢尚不明朗，沒有形成一個得到消費者普遍認可的領頭羊，因此各方目前都有機會，初期一些資金雄厚的企業可能會占得先機，但是消費者最終認可的還是品牌、供應鏈以及使用者體驗。如今的 B2C 對於新創企業來說可能已經沒有多大的機會，但是其他模式，比如 C2C 值得新創企業去奮力打拚。

新創企業想要在這個領域中生存下來，需要做好以下幾點。

- 海外貨源供銷上要有足夠的實力；
- 市場定位準確，能得到足夠規模的使用者流量，真正迎合消費者的硬性需求，另外，必須能夠保障產品品質與售後服務；
- 營運團隊中應該有跨境電商領域的人才，海外營運、供應鏈管理以及清關能力將成為成功的關鍵要素；

- 盡量處理好與多地政府之間的關係；
- 對整個行業的發展趨勢及企業的策略定位要有清楚的認知；
- 融資能力是新創企業能夠獲得進一步發表的重要依託，創始人要盡量爭取獲得足夠的融資。

總之，新創企業的競爭重點在於供應鏈、使用者流量、商業變現、人才的配置等方面，做到這幾點的企業將會乘風破浪，走在跨境電商時代的尖端。

第 4 章　跨境微商：全球網路浪潮下，微商的下一個爆發點

海外購物微商攻略：「微商＋海外購物」模式必須要解決的四大問題

隨著微商簡單粗暴地洗版，更多的人意識到了這一行業的飽和，開始轉向海外購物市場。

眾多微商看到「海外購物」市場顯露出來的商機，紛紛躋身「海外購物」業，但是微商從事「海外購物」，還需要處理好如圖 4-4 所示的四大問題。

```
┌─────────────────────────────┐
│ 供應鏈過長和售後服務無法及時跟進 │
└─────────────────────────────┘
              ↓
┌─────────────────────────────┐
│      掌握供貨管道和商品定價權      │
└─────────────────────────────┘
              ↓
┌─────────────────────────────┐
│     買手評價體系和買手個人品牌     │
└─────────────────────────────┘
              ↓
┌─────────────────────────────┐
│      用戶的留存、產品傳播和回購     │
└─────────────────────────────┘
```

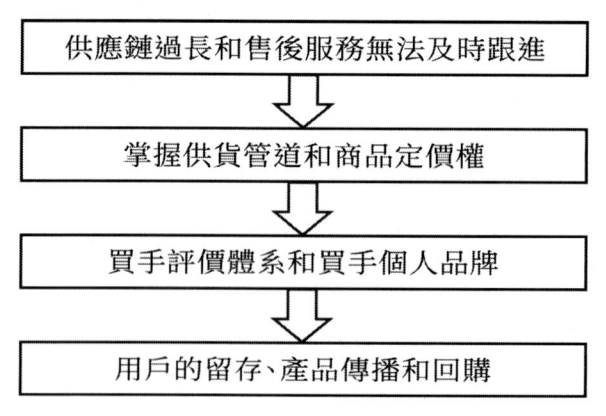

圖 4-4 「微商＋海外購物」模式必須要解決的四大問題

海外購物微商攻略:「微商＋海外購物」模式必須要解決的四大問題

供應鏈過長和售後服務無法及時跟進

目前,海外購物市場的供應鏈主要有兩條:一條是類似海外代購方式,由華人商家作為供貨方,但這種方式規模較小,抵禦風險的能力較差;另一條是與知名度較高的品牌商和通路商直接合作,這種模式適合平臺較大的電商。

在未來,跨境物流必將集貨運輸的物流商、幹線運輸的物流商以及清關公司整合起來,形成一個國外採購、境內銷售、跨界儲存無縫連接的生態圈。

在這樣一個生態圈裡,可以實現將分散的貨物集中起來,利用主幹線、大批次、遠距離的運輸,提高運輸效率;同時又能充分發揮公路、鐵路、海運等運輸方式的優勢,進而實現長距離運輸;又可以實現「門到門」送貨,切實滿足使用者的需求。

海外購物電商如果能建構生態圈,將集貨運輸、幹線運輸以及清關公司整合起來,必將占據海外購物市場一大半的市場占有率。但實際上,影響力較大的品牌商壟斷了類似於奶粉這樣的標準商品,不利於電商生態圈的建構,而非標類商品,如服裝、鞋包等,有很大的市場潛力。

除此之外,很多電商在售後服務上還存在缺陷,無法讓消費者滿意。由於距離較遠、技術還不完善等原因,消費者

第 4 章　跨境微商：全球網路浪潮下，微商的下一個爆發點

退換貨所需的時間長、成本高，商家無法承諾無理由退換貨、超時賠付、售後保質等。

掌握供貨管道和商品定價權

由於行銷中製造商和零售商對產品的認知不同以及資源稀缺等原因，管道間衝突成為行銷中不可避免的問題。

供貨商和平臺的目標不一致，對於供貨商來說，盡可能地擴大銷售管道，他們才可能獲取更大的利潤；而對於平臺來說，掌握了產品的供貨管道，才能夠擁有產品的定價權，從而根據市場情形自主定價，保障自己的利益。但實際上，平臺還無法完全掌握供貨管道，與供貨商之間也存在諸多矛盾，如在通路設計、價格體系擬訂、返利激勵政策擬制等方面存在分歧。

平臺與供貨商關係的好壞決定了市場是否有序以及消費者的權益能否得到保障。平臺與供貨商建立友好的關係，能夠保障市場有序競爭，產品價格合理，從而使消費者的權益得到保障。

然而，很多從事海外購物的電商並沒有建立自己的倉儲基地，這意味著平臺無法掌握供貨管道，也就不能自主定價，公司的盈利管道僅依靠海外代購所帶來的服務費，一旦現有的供貨管道被堵塞，平臺將面臨生存的挑戰。

買手評價體系和買手個人品牌

買手制最初興起於超市,讓一些有經驗的人負責服裝進貨,進而延伸到服裝、鞋帽、珠寶等領域,而用於海外購物的平臺也引進了買手制。

在模式上,採取的是 C2C 模式,為買手和消費者提供一個溝通的平臺。海外買手採購正牌商品,而消費者只需用手機掃碼,便可選購商品。

隨著海外購物市場的繁榮,一大批專業的個人買手出現,為消費者採購時尚輕奢品。但是海外購物市場的機制尚不完善,經常出現一些假冒偽劣產品,為平臺帶來了很大的負面影響。因此,眾多平臺為了挽回自身信譽,採取了一系列措施,如建立嚴格的買手身分審核及監管機制以及打造買手個人的品牌等。

當代購產品出現了假冒偽劣等問題,平臺就會採取相應的措施,登出相應買手的帳號。而微商也看到了海外購物市場的商機,紛紛試水跨境電商。

使用者的留存、產品傳播和回購

在海外購物市場中,回購率最高的通常是利潤高、易耗損、使用頻率高的商品,如美妝、母嬰產品等,而這樣的產

第 4 章　跨境微商：全球網路浪潮下，微商的下一個爆發點

品也容易形成使用者黏著度和忠誠度。隨著微商紛紛入駐海外購物市場，搶占平臺的使用者資源，消費者有了更多可選擇的管道。

目前，由於海外購物市場還不夠成熟，無法完全滿足消費者的需求，因此，沒有任何一家平臺可以掌握供貨管道，壟斷使用者流量。跨境電子商務主要以 B2B 和 B2C 模式為主，還無法實現買手對消費者的 C2C 模式。消費者的需求也千差萬別，分散在各大平臺上。

在累積使用者方面，跨境電商需要在宣傳產品時，藉助網路等科技營造聲勢，擴大品牌的知名度和影響力。基於此，電商另闢蹊徑，在社交平臺上推廣、分銷產品，搶占使用者資源，抓住電商市場的機遇。

目前，電商市場發展迅速，但農村電商和跨境電商市場還存在大量的空白。因此，商家應抓住機遇，面對挑戰，搶占農村電商和跨境電商的市場資源，尤其是跨境電商市場。

第 5 章
微商營運策略：
微商 2.0 模式下，
建構全方位的營運體系

第5章 微商營運策略：微商 2.0 模式下，建構全方位的營運體系

微商 2.0 模式三大策略：
產品選擇＋使用者經營＋服務體驗

2014 年可以說是迄今為止微商發展最快的一年，而微商作為一個新興的行業也開始逐漸滲透進人們的生活。在行動網路浪潮的推動下，微商以風捲殘雲之勢席捲了整個商業圈，帶給傳統的電商企業和傳統企業沉重打擊。

2015 年作為微商元年，微商將迎來一個新的發展，而在這誘人的市場前景面前，微商領域將展開更為激烈的爭奪戰，既有品牌之間的競爭，也有微商群體之間的競爭。在競爭形勢日益嚴峻的市場環境中，微商從業者應該怎樣做微商，才能立於不敗之地？

身為微商從業者，要想做好微商，首先應該認真思考以下幾個問題。

- 將個體當成企業來看，思考為什麼要做微商，希望實現的願景是什麼？
- 在做微商的過程中，應該遵循什麼樣的價值觀？
- 在做微商中應該要完成什麼樣的使命，在行動網路的大環境下需要實現的目標願景是什麼？

只有思考好以上幾個問題，才能去思考做微商的策略以及戰術。不管做任何事都應該有相應的策略來指導戰術的執行，微商在未來的策略，主要可以從 3 個方面來分析：產品選擇策略、使用者經營策略、服務體系策略。

產品選擇策略

在微商領域，應該經營什麼樣的產品，什麼樣的產品才容易獲得消費者的青睞，這其中也有一定的門道，如圖 5-1 所示。

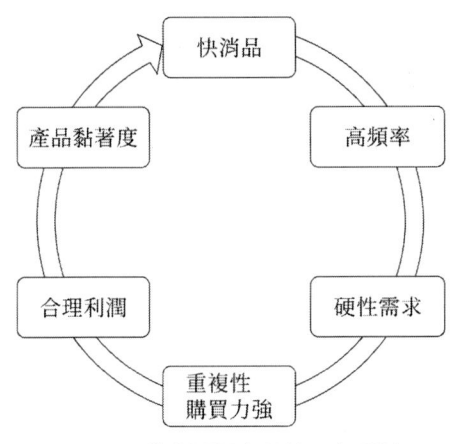

圖 5-1 微商選擇產品的 6 個關鍵

1. 快消品

所謂快消品，就是指使用壽命較短、消費速度較快的產品。快消品因其價格以及種類屬性方面的特徵，使得消費者

第5章 微商營運策略：微商2.0模式下，建構全方位的營運體系

在這些產品面前更容易做出消費決策，而且快消品一般都是與人們的生活密切相關的產品，在人們生活中的滲透更深。

2. 高頻率

高頻率產品是指在人們生活中出現頻率較高的產品，因此，微商經營的產品最好是人們在生活中經常使用的，因為只有這種高頻率的東西才更容易獲得消費者的青睞。

3. 硬性需求

硬性需求產品也就是人們生活中必備的產品，如關於衣食住行的產品都屬於硬性需求，除了滿足人們日常基本生活需求的產品之外，消費者同樣也需要能夠滿足他們心理需求的產品，比如滿足他們社交需求的社交工具、滿足他們愛美心理的各種化妝品等，硬性需求的產品品牌在經營過程中獲取使用者也更容易些。

4. 重複性購買力強

從本質上來說，微商就是電商的一種形態，而從電商的發展來看，一個生命力較強的電商品牌，往往具有較強的重複購買力，其品牌是靠優質的品質來為自己撐腰的，而使用者在使用後也更容易對優質的產品產生依賴，從而產生重複購買，促進品牌的長遠發展。這一道理在微商領域也同樣適用。

5. 合理利潤

如果你仔細看你的朋友圈就會發現，在 10 個做微商的朋友中有 7 個甚至是 8 個在做面膜，這足以見得面膜行業競爭的激烈程度。

做面膜代理一般分為總代理，一級代理、二級代理、三級代理、四級代理、五級分銷，每一個層級都會扣除一定的利潤點，因此層級越高獲得的利潤也就越高，最終獲益最大的就是總代理，產品從總代理手中一直到五級分銷手中，這其中存在的利差是非常大的，但是產品本身的含金量是多少，這是一個謎。

由於面膜市場的火熱，有很多不法商家趁機混進了市場，試圖從中牟取暴利。因此，如果要做面膜微商的話，應該選擇一種正規的進貨管道，選擇有知名度以及有口碑的產品，利用優質的產品來打動消費者，而不是妄想依靠洗腦言論發展下級代理的方式來獲取利潤。

6. 產品黏著度

只有做一個有黏著度的產品，才能牢牢地抓住使用者，實現品牌的長遠發展，一個有黏著度的產品應該有什麼樣的特點呢？

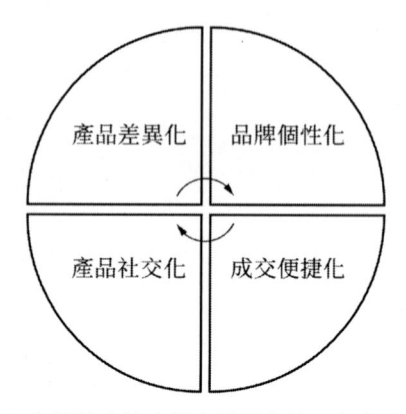

第 5 章　微商營運策略：微商 2.0 模式下，建構全方位的營運體系

圖中文字：產品差異化、品牌個性化、產品社交化、成交便捷化

圖 5-2 有黏著度的產品應該具有的 4 個主要特點

產品差異化

在傳統的定位行銷中，差異化路線就多次被提及，而且這一條路線的運用也創造了很多成功的品牌。

走差異化路線，事實上就是產品的創新，產品只有擁有自己的創新點，才能形成自己的差異化優勢，並在競爭中搶占更多的先機。因此在選擇產品的時候一定要選擇與其他產品相比存在差異化亮點的產品，這樣才更有利於抓住使用者的需求痛點，從而刺激其消費。

品牌個性化

追求品牌的個性化就是指品牌要有自己的調性，要有自己所要傳承的一種理念，如今網路領域的競爭越來越激烈，只有形成自己的特色，才能抓住某些特定群體的眼光，並將

其發展成為自己的粉絲。要做到一個讓所有人都喜歡的品牌是非常難的，因此與其在追求面面俱到中執著，不如發展出自己的特色，用自己的特色化優勢牢牢抓住一部分群體。

產品社交化

產品的社交化主要展現在兩個方面：一是產品本身就有行動社交的元素，二是在社交場景中產品具有傳播性。在優質產品的基礎上對產品進行傳播，就能更好地形成產品的口碑。因此消費者在選擇產品的時候，更傾向於選擇朋友口中所推薦的產品。

成交便捷化

這裡的成交便捷化指的是在行動網路的幫助下，消費者可以實現隨時隨地地購物，當然，這種便捷式的購物方式最關鍵的一環就是信任的建立。

在傳統的電商中，第三方支付是消費者與商家建立信任關係的橋梁。而微商主要強調的是人與人之間關係的建立，透過彼此之間的互動和溝通，建立信任關係，並在信任的基礎上達成交易。

使用者經營策略

第5章　微商營運策略：微商2.0模式下，建構全方位的營運體系

在有了好的產品做支撐之後，下一步就是要挖掘使用者，將他們發展成為自己的客戶。

1. 有效的推廣計畫

一個優質的產品要想在市場上賣得好，離不開一個好的推廣計畫。一套完善的推廣計畫包括傳播規劃以及執行排程等一系列的步驟。

第一步就是要鎖定目標使用者群體，在對他們進行洞察分析的基礎上，運用社會學、美學以及營運心理學等制定良好的宣傳策略，抓住使用者的關注點或者需求痛點，宣傳產品的獨特價值，引發使用者群體在情感上的共鳴，並在這種情感的基礎上繼續加強宣傳，以期與使用者建立比較強的連繫。

2. 信任代理

關係鏈是社交中最有價值的寶藏，而建立和維持關係鏈的基礎就是信任，而且信任具有傳遞性的特點。一般而言，當你特別信任一個人的時候，對於他說的話你也會相信，社交領域的意見領袖也具有這種功能，能夠對他人施加影響。因此說培養信任代理就顯得尤為重要。透過定位與描述自己，積極與他們進行交往互動，透過日積月累慢慢將其發展成為信任代理，從而贏得他們的更多關注。

3. 體驗互動

體驗就是一種親身經歷，而互動就是相互溝通，是一種動態展現形式，在體驗的基礎上進行互動，而互動則能加強體驗的效果。

在以前，使用者體驗差很少被當作一個大問題提出來，但是隨著社群媒體的發展以及人們對體驗要求的不斷提升，體驗差的聲音一旦發出就會在社交網路中傳播開來，從而為品牌帶來消極的影響。這也就意味著在體驗提升的基礎上引發互動可以為品牌口碑的形成帶來積極的作用，從而有利於使用者的獲取。

服務體系策略

首先應該要弄清楚服務的目的是什麼，毫無疑問，服務就是為了能夠為使用者提供一種極致的服務體驗，服務體驗包括視覺、功能以及心理三方面的體驗。

功能體驗就是產品能否滿足使用者對產品本身的一種基本需求，心理體驗就是產品能否讓使用者在社交化的環境中獲得一種心理上的滿足，而視覺體驗就是產品的外表是否符合使用者的審美。如果產品對於以上使用者的體驗，需求都能滿足，那麼這個產品的成功也就指日可待了。

有了良好的服務體驗，產品就會在社交領域形成一定的口碑，而有口碑的產品會透過使用者的社交網路向更廣闊的

第5章　微商營運策略：微商2.0模式下，建構全方位的營運體系

範圍傳遞品牌產品價值，並最終影響產品在消費者中的價值形成。

微商代理起步技巧：選擇商品＋選擇供應商＋帳號設定技巧

新手微商應做好以下幾步，如圖 5-3 所示。

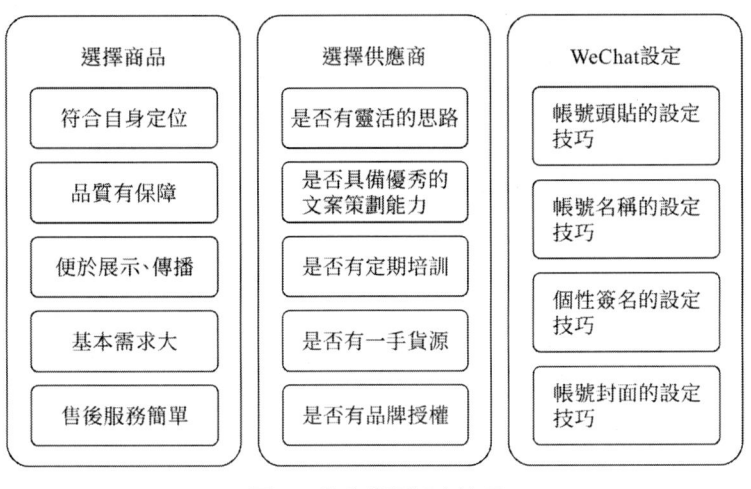

選擇商品	選擇供應商	WeChat設定
符合自身定位	是否有靈活的思路	帳號頭貼的設定技巧
品質有保障	是否具備優秀的文案策劃能力	帳號名稱的設定技巧
便於展示、傳播	是否有定期培訓	個性簽名的設定技巧
基本需求大	是否有一手貨源	帳號封面的設定技巧
售後服務簡單	是否有品牌授權	

圖 5-3 微商代理起步技巧

新手微商選擇產品的方法

做微商一般是做產品的代理，因此，選擇什麼樣的產品就變得非常重要。微商行銷其實就是品牌的樹立以及良好口碑的宣傳，而產品的品質和功能則是進行品牌行銷和口碑行

第5章 微商營運策略：微商2.0模式下，建構全方位的營運體系

銷的保障。如果產品的品質有問題，即使後期的包裝、宣傳、服務再完美，微商也無法吸引更多的使用者進行體驗、購買。因此，產品的選擇至關重要。

那麼，微商在選擇產品時，有哪些要求呢？

1. 符合自身定位

做微商首先要考慮的就是對產品的定位，因為微商做的是熟人的生意，在做生意之前需要調查好友是男士多還是女士多，通常情況下是選擇數量上占優勢的性別為主要銷售對象；其次，還需要考察他們的職業，是學生還是上班族，家庭主婦還是職業女性等。這樣，在對好友進行了一番分析調查之後，就可以有針對性地選擇產品的類型進行銷售了。

2. 品質有保障

基於社交軟體的獨特性，使用者所新增的好友幾乎都是自己在現實中的朋友，基於朋友間的信任，微商也應該保證產品的品質禁得起嚴格考驗，讓客戶滿意，並且在有了良好的合作之後，客戶在一定程度上也會幫助微商進行宣傳，從而吸引更多的使用者來體驗、購買，形成良性循環。

反之，如果一個產品的品質有瑕疵，微商用這種瑕疵品騙取朋友圈的客戶的信任，微商每次損失的不僅是一個客戶，還是一個朋友。因此，信任對微商來說尤其重要，而它

又展現在產品的品質上。如果微商想要獲得持續性的發展，那麼必須要選擇品質有保證的產品。

3. 便於展示、傳播

內容有字數限制，針對這一特徵，微商們必須選擇那些容易展示、傳播的產品，能讓好友在短時間內了解產品，並牢牢記住。而如果在展示產品的過程中展示那些客戶不感興趣的因素，如產品的加工過程、運輸方式等，只會招致客戶的厭煩，同時也不利於客戶的分享，進而限制了產品的傳播。

4. 基本需求大

做微商，通常會選擇一些使用較快的產品，比如在 10 到 30 天內需要再次購買的產品。面膜和護膚品是微商裡最熱賣的產品。但也有一些人想另闢蹊徑，賣一些稀少的產品，但這類產品由於使用期較長，一般不需要短時間內再次購買，如家紡等。

5. 售後服務簡單

這裡的售後服務不同於我們平時所說的產品出售後的服務活動，而是指產品的使用要簡單，使用者不需要使用說明就可以使用，這樣銷售活動在出售後就結束了。例如，面膜購買後可以直接貼，食品買回去就可以吃，而不需要複雜的

說明方法。因為如果使用方法太繁瑣,勢必會影響行銷的成長。

選擇了品質禁得起嚴格考驗的產品就走出了微商的第一步,經營同種產品的商家有很多,那麼微商又該如何選擇供應商呢?

微商如何選擇供應商

現在,微商都是以代理產品的模式經營發展,微商供應商的重要地位便因此顯現出來,那麼,一個值得信任的供應商都具備哪些特點呢?

1. 是否有靈活的思路

一個好的供應商會為你提供靈活的思路,設身處地地為你考慮,教給你應該如何根據當下的經濟狀況選擇產品的類型以及數量。而一個不合格的供應商,他只是想賺你的錢,告訴你做微商很簡單,就是單純地發廣告、進貨、囤貨、賣貨。選擇一個值得信任的供應商基本上等於成功了一半。

2. 是否具備優秀的文案策劃能力

從首頁可以看出你的供應商實力有多少。一個實力雄厚的供應商,會在他的主頁裡分享產品的資訊、一些客戶對產品的評價、使用經驗,甚至是自己生活的點滴。雖然無法確

定這些文案是否都是出於你的供應商之手,但至少說明他是一個很用心的人。

相反,有的供應商只是在主頁裡發廣告,介紹的都是產品的功能,毫無疑問,他一般是複製他的供應商,並且他的這個帳號也是另建的一個帳號,這樣,你連他身分的真假都難以分辨。

3. 是否有定期培訓

對於微商新手來說,培訓顯得尤其重要,並且微商代理也是一門技術。隨著時代的進步,產品也在不斷更新,功能變得更強大、智慧化,對於微商來說,也需要不斷的學習,這樣才能在被客戶詢問時很好地解答出來。一個負責任的供應商,一定會重視對微商的培訓,重視微商鏈的持久平穩發展。

4. 是否有一手貨源

貨源是微商代理能夠順利進行下去的前提。選擇一個供應商時,需要明白這是微商鏈的第幾環,他對產品的功能了解多少,能不能持久地提供產品。做微商一定要注意千萬不能因價格低而盲從。

5. 是否有品牌授權

首先,有品牌授權意味著你代理的產品是正品;其次,從品牌授權上也能看出你的供應商的實力有多大。一般情況

第5章 微商營運策略：微商2.0模式下，建構全方位的營運體系

下，金牌授權給一級授權，一級授權又授權給二級授權，再授權給特約授權，但也有的授權等級會有三級授權或者沒有金牌授權，這些要視具體情況而定。

一個負責任的供應商對你的微商代理有著不可替代的作用，他會對你進行培訓，盡職盡責地帶你做微商；反之，如果你碰上一個只是想賺你錢的供應商，那麼你的微商之路一定不會走得很遠。

產品和供應商的選擇是你成功做微商的前提和保障，所以必須引起重視。

WeChat 設定技巧

產品和供應商都選擇好了之後，意味著你的微商之路已邁出了關鍵的一步，接下來就是要對客戶進行行銷了。利用 WeChat 朋友圈進行微行銷，首先要考慮的就是進行帳號設定，這相當於一個實體店的裝潢。好的裝潢風格容易吸引客戶的眼球，進而促進其購買產品。

接下來，我們就一起來看一下帳號設定都有哪些技巧。

1. 帳號頭貼的設定技巧

不論在哪個時代，都存在著以貌取人的現象，即使是在虛擬的網路空間，人們也會在第一時間找那些頭貼漂亮的人

聊天。所以，帳號頭貼的設定就顯得尤為重要。那麼，應該怎樣設定帳號頭貼呢？

- 第一，頭貼最好與行業相關。如果你賣奶茶，你可以用奶茶作為頭貼，這樣客戶就可以在第一時間知道你賣的是什麼。
- 第二，最好選擇真人頭貼或者是行業先鋒人物做頭貼，這樣可以拉近微商與客戶之間的距離，增加微行銷的真實感。
- 第三，選頭貼時一定要謹慎，因為選好之後最好在很長一段時間甚至是長期不更改頭貼，以便讓客戶更好地記住。

2. 帳號名稱的設定技巧

帳號名稱的設定也是一門學問，名稱通常要與所賣的產品相關，其道理與帳號頭貼一樣──方便客戶了解你賣的產品是什麼。

3. 個性簽名的設定技巧

考慮到關於產品的資訊無法出現在頭貼或者名稱中，因此個性簽名無疑是一個最好的選擇──可以在個性簽名裡寫一些產品的主要特點以及聯繫方式；但也要注意，在寫產品的資訊時，一定要簡潔，便於客戶瀏覽一遍就能記住，而不需要長時間停留。

第 5 章　微商營運策略：微商 2.0 模式下，建構全方位的營運體系

4. 帳號封面的設定技巧

很多微商都忽略了對封面的利用，其實完全可以把封面當作一塊廣告牌，將產品的宣傳放置在封面上。

產品、供應商以及帳號設定是微商代理需要注意的三大點，但是最重要的還是心態。以一個積極的心態去做微商，並做好長期戰鬥的準備，是成功的必要條件。保持一個好的心態，即使是在失敗的時候也能坦然面對。

微商營運體系：銷售力＋服務力＋策劃力＋塑造力＋培訓力

微商營運體系包含五大能力，如圖 5-4 所示。

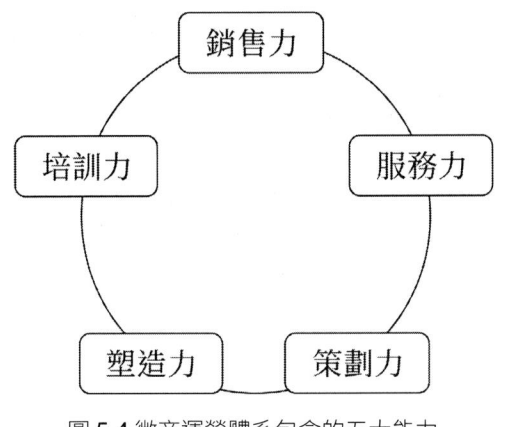

圖 5-4 微商運營體系包含的五大能力

打造微商銷售力

在打造一個新的微商品牌之前，我們應該熟諳消費者的心理，然後根據消費者的心理需求，設計一款可以讓他們迅速認知的熱門商品。微商好商品應該秉持六大法則。

第5章　微商營運策略：微商2.0模式下，建構全方位的營運體系

1. 品質好

產品品質不過關，行銷策略再好也等於零，這是毋庸置疑的。

2.CP值高

使用者在面對一個新產品的時候，他們往往心存顧忌、疑慮。如果商家以顧客可以接受的價格，獲得他們對產品的高度讚賞，那麼，該產品的口碑自然會越來越好，顧客也會越來越多。

3. 層級少

為了使管理體系有條不紊，層級應盡量減少，而且，這樣的話，微商群體也更能感受到榮譽感。

4. 硬性需求

微商要想受到消費者的歡迎，必須親自做市場調查，與他們進行溝通，這樣才能了解消費者的硬性需求，而並非一味地去創新，追求新奇的產品。微商應做出符合消費者消費理念的產品，並讓消費者感受到從中能夠獲取切實的利益，從而促使其自願購買。

5. 回購率強

現在的年輕人可能喜歡精緻、容量小的產品，不同的產品

在不同的時間使用，或者在同一時間使用各種類型的產品，從而控制了消費者對同類產品的使用頻率，以增加其回購率。

6. 具有吸引力

產品是否具有吸引力，直接影響到產品的傳播效果。產品如果讓消費者愛不釋手，使用者就會把產品晒到自己的社交平臺內。所以，在產品生產的前期，要清楚消費者來源、消費者品味，讓產品更具有吸引力、娛樂性和炫耀性，從而達到很好的傳播效果。

打造微商服務力

對於微商，消費者更注重的是它的服務，而非產品本身，所以，在整個銷售體系中，做好微商服務尤為重要。那麼，如何使微商具備禁得起嚴格考驗的服務力？

- 利用雲端將圖片和戶品資訊統一起來。文字和圖片就是微商的核心，如果連圖片都不能清楚地展示在使用者面前，又怎能說服使用者來購買？所以，把產品圖片與產品相結合，然後經過美化再上傳到雲端，微商就可以透過登入雲端獲取這些資訊，從而打造品牌凝聚力。
- 把所有的高畫質圖片都上傳到雲端後，一定要做浮水印，防止別人盜圖。浮水印的核心不是展示產品，而是

第 5 章　微商營運策略：微商 2.0 模式下，建構全方位的營運體系

為了更好地鞏固團隊的凝聚力。

- 內容要濃縮精華。很多從事微商的人都是零基礎，他們對微商的了解並不多，而給他們安排一對一的老師是不可能的，所以，要培養一個微商總代講師，讓他們從朋友圈行銷、內容開始逐漸對微商初學者進行教導，對發文的時間和數量進行規劃，讓他們發完後等待詢問下單即可。
- 品牌手冊。不論是招商政策、企業規劃、週刊還是百問百答等，都需要建立品牌手冊。傳統企業在轉型做微商的過程中，最大的一個缺點也是致命點，就是沒有站在使用者的角度上去思考問題，沒有想過要讓使用者買你的東西，你應該做到哪些，怎樣才能讓使用者心甘情願地選擇你的產品。在做系統的品牌運作時，所有的訊息資訊必須按照要求工具化、標準化，這樣才能讓人一目了然，便於複製，降低成本。比如百問百答，客戶每天都有自己的安排，他們不可能隨時都線上，也不可能對他們每天都給予教育，每個人都有各自的講授方式和銷售技巧。

打造微商策劃力

微商在發展的過程中遇到的最大問題是什麼？由於自身和團隊沒有經過系統的訓練，所以在整體的策劃和產品的推廣方面相對薄弱。企業應該想辦法成立品牌事業部，讓他們

先從個人和團隊品牌方面對整體進行策劃和行銷，再利用大眾眼中的明星、偶像或者行業名人，打造微商明星。

打造微商塑造力

透過成立社群營運部，建立並努力完善社群傳播體系。

整個過程其實是經過系統性的規劃的。從自媒體活動的策劃，到自媒體分享，再到粉絲傳播，最終形成粉絲參與。粉絲在參與的過程中會享受特殊的福利待遇，例如，透過分享可以獲得一份 PPT 或者一次免費的線上培訓機會。從 3 次報名整合中篩選出微商群體模範。由於名額有限，所以，粉絲必須透過分享才能參與進來，這無疑形成了一個標準門檻與鏈式的口碑行銷。

打造微商培訓力

微商就是透過培訓事業部，建立起自己的課程培訓體系，從而打造微商的培訓力。其實很多傳統企業也意識到要擁有自己的微商商學院，但是對什麼時間應該做什麼、講什麼內容才能對微商有很大的吸引力、怎樣才能落地這些問題一直沒有弄清楚。

微商商學院首先應該包括三大內容體系。

1. 設立課程研發中心

對微商營運的實用技巧和方法進行系統地總結和整理，從而形成一套有理論、有實戰的營運工具。

2. 明星培訓基地

學會將你的代理體系輸出，當微商加入之後，怎麼讓他們在 7 天內由入門到精通，一個月內由精通變為高手。當形成 100 個這樣的微商群體之後，開始進行漏斗式的篩選，透過一些有話題性、有賣點的明星人物，與他們進行微商項目連接，讓他們為品牌背書，成為品牌的代言人。

3. 對微商課程進行層級研發是打造微商培訓力的核心

例如，一級、二級、三級分別用什麼課程，並不是今天講漲粉，明天講銷售。三級培訓課程是月銷售 1 萬元級的微商培訓，主要包括關於成功心態、規則制度、產品知識、銷售技巧、微行銷知識等培訓；二級培訓是月銷售 10 萬元級的微商培訓，主要包括領導力知識、團隊管理、強化目標管理、個人品牌塑造等培訓；一級培訓是 100 萬元級的微商培訓，主要包括百萬元微商訓練營、微商講師培訓班、團隊模式固化培訓等。

微商並不是單槍匹馬地作戰，而是將微商品牌化。每天都是分散的內容，這樣對微商是很不利的。而巨大的微商團

體，使得個人品牌比企業品牌更具有魅力。所以，在梳理微商的時候，相對於企業微商品牌，打造個人微商品牌更加實際。從細緻模式的改造到微商模式講師化，從店員微商化到形成師徒模式匯入，再進行模式複製，形成穩固的、便於官理的的層層體系。這種體系所帶來的效果和業績，要勝於你透過花流量做推廣所帶來的效果。

第5章 微商營運策略：微商2.0模式下，建構全方位的營運體系

拯救你的官方帳號：突破七大營運痛點，打造微商營運閉環

企業如何才能抓住機遇做好官方帳號，進而實現積聚使用者、打造良好的口碑，是擺在企業管理團隊面前的一個重要問題。

經過研究發現，能解決好如圖 5-5 所示的 7 個問題的企業往往能夠取得 WeChat 官方帳號營運的成功，利用這個新興平臺讓企業發展更好。

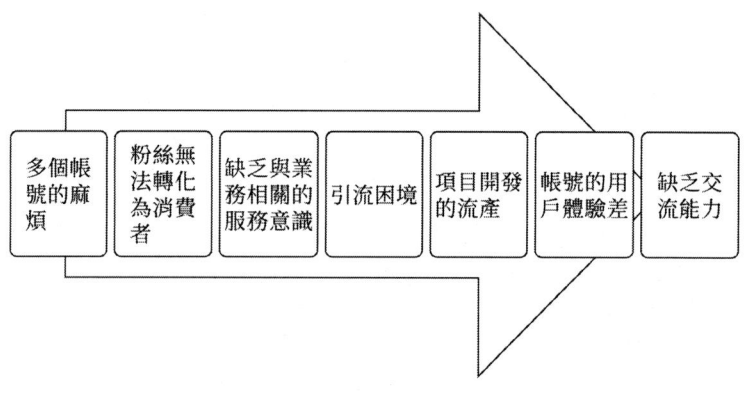

圖 5-5 WeChat 官方帳號的七大營運痛點

七大痛點依序為：多個帳號的麻煩、粉絲無法轉化為消費者、缺乏與業務相關的服務意識、引流困境、項目開發的流產、帳號的用戶體驗差、缺乏交流能力。

問題一：多個帳號的麻煩

在帳號矩陣理論的影響下，一些企業開設了多個帳號。但透過研究發現，多個帳號往往適合擁有多種品牌、多條產品線的企業，而一個品牌或一條產品線開設多個帳號往往達不到所期望的效果。

比如某企業開設了多個官方帳號，有用於吸引和累積粉絲的 A 帳號、有用於專門負責交易的 B 帳號。但對消費者來說，想要購物需要從 A 帳號再經過 B 帳號，相對於其他直接能夠透過一個帳號實現購物功能的企業而言，開設多個帳號無疑多了一個不必要的步驟，結果購買的人寥寥無幾。還有些企業對合作夥伴與消費者分別開設一個帳號，結果也是竹籃打水一場空。

一些企業甚至還有更多的帳號，比如分別針對新舊使用者的不同帳號，但企業最後只能是疲於應付、得不償失。

問題二：粉絲無法轉化為消費者

新媒體概念的流行，引發了企業在社群媒體做新媒體的熱潮。這些企業透過官方帳號傳遞知識、傳達資訊、傳遞一些優惠訊息，並成功地得到了一批粉絲的追隨，但是他們發現，在企業的產品上這些粉絲並不買帳。

某女裝品牌企業，營運企業官方帳號的是一名專業性極

強的服裝設計師,官方帳號上發的是一些服裝的色彩搭配、流行元素等,擁有幾萬名粉絲,而且與粉絲的互動性也很成功,但是設計出來的衣服無人問津。其實不僅是女裝,一些字畫、玉石、裝飾等產品都面臨著此類問題。

從人的心理來講,這也很容易解釋,因為認可你的見解與買你的東西兩者之間並沒有必然的連繫。

問題三:缺乏與業務相關的服務意識

很多企業的官方帳號只是一味地推送內容,根本沒有配套的引導粉絲消費的服務。連這些最基本的服務都不具備的企業官方帳號,還能談什麼個性化服務?更別說進一步的深化服務。

某個做母嬰產品的企業,在透過帳號開設店鋪的情況下,有消費者透過帳號向其諮詢產品資訊時,竟然無人回覆。消費者去問老闆為什麼不設人工客服以服務消費者,老闆的回答是有人工客服。那既然設定了人工客服,為什麼不做好考勤及監督?這樣設定人工客服除了浪費資源還能有什麼意義?

又如某個專門服務於購物平臺賣家的服務商,官方帳號只負責發送產品知識與優惠活動資訊,不提供線上諮詢。對於這種最易發揮社交媒體價值的企業,這樣做基本無法發揮帳號的最大價值。

問題四：引流困境

營運要達到最終的目的必須要將消費者引向銷售管道。如果企業的銷售管道很單一，這還容易處理。如果有多個銷售管道，企業的官方帳號透過發出一條訊息讓消費者到多個銷售平臺去購買，反而很有問題。

某家做母嬰產品的企業在一次促銷活動中，讓消費者透過線下門市、官網商城、撥打客服電話等方式來訂購，甚至讓消費者在官方帳號裡留言訂購。而一家女裝品牌企業在一次促銷活動中，則讓消費者去秒殺商品網址以及官方店鋪活動網址下單。

一家中醫館在宣傳養生知識的資訊裡，用了大量的篇幅去引導消費者透過線下醫館、購物平臺、電話搶購等方式購買產品，最終收效甚微。

WeChat 官方帳號的引流問題，實質上反映了以下幾個方面的問題。

- 文字組織能力弱，表達不出想要表達的思想。
- 沒有進行科學合理的社群媒體行銷策劃，只是單純地展示銷售管道。
- 企業的組織結構使官方帳號營運人員綁手綁腳，一些策略得不到真正的實行。

第5章　微商營運策略：微商2.0模式下，建構全方位的營運體系

問題五：項目開發的流產

某個高爾夫俱樂部，想在官方帳號上實現場地預定、繳納會費等功能，花費了不少財力、人力、物力，這些功能卻不能使用，該項目只能流產。某母嬰企業，開發出了一個畫面十分醜陋的店鋪介面，消費者一看到這個介面很難會產生購買欲望，根本不會在此逗留片刻，更談不上使用者能有什麼互動體驗。這些中途流產的開發項目不勝列舉，有的企業投入巨資，卻達不到預期的功能。這對於一些想要在社群媒體營運平臺開發的第三方服務商來說，或許是一個巨大的商機。

問題六：帳號的使用者體驗很差

使用者體驗是一個很大的領域，我們就先從最基本的談起。

1. 最為基礎的頁面排版就做得很差。比如文字有不該出現的底紋，字型、字號不統一，顏色不協調、影響美觀等。
2. 官方帳號的設計要實現互動功能，對於某些企業來說是有一定難度的，以自定義選單為例，選單標籤怎麼設計，一級選單怎麼設計，二級選單怎麼設計，這些都有很大的學問。
3. 許多官方帳號設定了自動回覆功能，其初衷可能是好的，但是這樣做無法給消費者提供引導功能，不能實現與消費者的即時溝通。

企業要營運社交平臺，需要營運者同時具有平面設計、產品營運、編輯策劃、互動溝通、店鋪經營等多方面的綜合能力，最為重要的還是企業應該想清楚自己到底想在官方帳號裡做什麼、期望得到什麼。

問題七：缺乏交流能力

官方帳號最為基本的是要實現企業與消費者的溝通交流，但很多企業忽視了這一點，甚至與粉絲完全沒有交流。

最為基本的交流手法是鼓勵消費者留言評論，讓使用者能夠及時向企業回饋，企業也應該及時予以回覆，即便不能也要告知在一定時間內回覆，而這些最為基本的手法大多數的企業都沒能用好。

拋開操作層面的問題，更為重要的是，企業不具備直接與使用者溝通的能力。以前企業沒有與消費者直接溝通的管道，只能花費大量的資金去找廣告公司、電視臺等做廣告，甚至是在購物平臺上直接購買流量。

企業的社群媒體營運者應該捫心自問：自己是否真正有能力與消費者去溝通？官方帳號所帶來的收益是否值得自己去耗費人力、物力？當把這些問題考慮清楚後，企業想必能夠做出點成績來。

第5章 微商營運策略：微商2.0模式下，建構全方位的營運體系

從個體經營到團隊營運：
如何組建一個優秀的微商團隊

在 C2C 模式階段，主要是個人透過社群平臺進行行銷，這通常會面臨諸多難題，如進貨管道、發貨路徑、糾紛處理等。而進入 B2C 模式後，代理商可以依靠團隊的力量來處理這些問題，並且一些有經驗的管理團隊也希望吸引更多的代理商加入。

那麼，微商應該如何組建自己的團隊？又該如何管理呢？

微商團隊人員配置

從事微商行業的代理商們通常隸屬於不同的行業，從事著不同的職業，他們不是專業的行銷人才，不了解官方帳號營運的規律以及微商的行銷方法。代理商的主要工作就是，發揮自身的能動性，與更多的人進行交流溝通。

社群媒體經常會出現小廣告、圖片以及一些代理商的日常生活紀錄，這些也都是由微商團隊統一管理、策劃的。微商團隊可以幫助代理商做他們不擅長的工作。如果微商發現

了代理商中有能做企劃案的人才，則可以將他們納入自己的策劃團隊。

微商在組建自己的團隊時，一般會找人代做產品的加工研發，甚至對於品牌的問題也無需考慮，這樣就降低了組建團隊的難度。對於一個毫無社群媒體行銷經驗的人來說，成功的最大捷徑就是借鑑他人的經驗，而加入微商團隊，無疑是最好的選擇。

但大部分代理商都是在加入微商團隊學到經驗後，就退出團隊，自己做微商。

最低微商團隊人員配置

一個微商團隊最少需要3名工作人員：文案、設計師、產品講師。而產品講師可根據微商的工作量承擔部分客服的工作。在具體的營運中，可以根據工作需要，適當增加人員。

1. 文案人員工作

文案人員的工作主要是為產品的廣告行銷提供素材，平均每天6則，每週提供幾篇文案，以便代理商可以發在社交平臺，擴大產品的影響力。透過代理商四處投放廣告，增強產品的知名度，吸引更多的消費者，甚至還能沉澱使用者，形成使用者黏著度和忠誠度。

2. 設計師的基礎工作

設計師的工作就是配合文案人員，每天提供一定的圖片，供文案人員選擇，以便為文案配圖。一般情況下，一則文案最多配 9 張圖。

3. 產品講師／客服工作

產品講師主要負責維繫公共平臺的維護，以及對毫無經驗的代理商進行培訓，如傳授漲粉技巧、互動轉化、溝通技巧等，並充當客服的角色，為消費者解疑答惑。此外，產品講師還要將消費者回饋的問題，發在官方帳號上，以便更好地維繫與消費者的關係。

文案技巧

文案是微商行銷成功的關鍵，一個好的文案會吸引消費者的注意力，引起他們的消費欲望。那些發展勢頭迅速的微商，相當程度上依賴於優質的文案。

做好文案有一個小技巧：品牌方會透過官方客服帳戶與所有的代理商建立好友關係，這樣，其就可以在首頁看到代理商發的廣告，從中選出一些優質的內容和圖片，發到自己的主頁。而其他的代理商，尤其是沒有文案策劃經驗的代理商就可分享這些內容，從而提升了工作效率。

而對那些有文案策劃能力的代理商,微商往往會把他們納入自己的團隊,將其發展為核心成員。

微商管理團隊需要注意的一個問題就是「蛋糕」的分配問題。利益的分配不均經常會引起團隊內部的紛爭,更嚴重的則會使團隊四分五裂。因此,微商需要有一個共享的理念,與成員合理分配既得利益,滿足團隊成員的需求,最大限度地發揮他們的潛能。

微商的團隊雖然是組建出來的,但真正被成員所認可的團隊一定是磨合出來的。在經營管理中,微商應該根據代理商的回饋,不斷地調整管理方針,完善交易體系以及信任機制,為代理商營造一個融洽的氛圍。對於微商團隊來說,人才是最重要的,只有以人為本的團隊,才會獲得長遠的發展。

不論是微商行銷還是企業經營,人才總是第一位的。有了人才,就可以積極應對風險,及時制定策略。同樣,即使目前微商行銷面臨困境,頻繁地刷廣告遭到消費者的厭煩,但只要整個團隊成員還在,微商的發展就會有轉機。

最佳團隊組合

既然微商團隊有了人才,就有機會迎來轉機,那麼,微商團隊擁有怎樣的成員,才能利於微商的長遠發展呢?我認為,一個有發展潛力的微商團隊必須具備這6種人:「慫恿

第5章 微商營運策略：微商2.0模式下，建構全方位的營運體系

者」、「支持者」、「懷疑者」、「嚴厲者」、「連結者」和「標竿者」，如圖5-6所示。

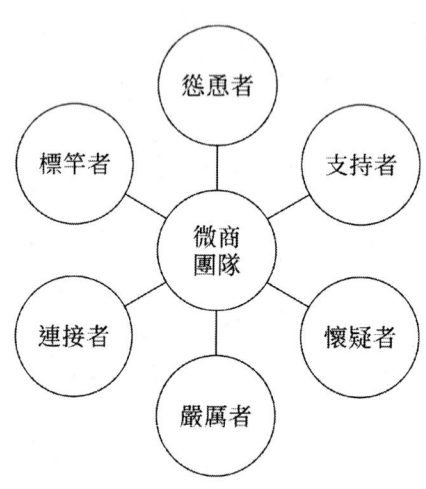

圖5-6 最佳微商團隊的人員組成

1.「慫恿者」：靈感之聲

「慫恿者」是那種會催促你不斷進步的人，會讓你勇於面對困難，迎接挑戰，努力將不可能的事情變成現實。「慫恿者」充滿活力與幹勁，能夠調節整個團隊的氣氛。

2.「支持者」：動力之聲

團隊中的「支持者」扮演著粉絲的角色，甚至比粉絲更忠心。即使在整個團隊遇到困難的時候，他依舊會選擇跟團隊站在一起。

3.「懷疑者」：理智之聲

「懷疑者」會不時地提出新問題，引發整個團隊的思考，從而進行創新。他會以更理智的心態面對成功或者失敗，為團隊成員提供安全感。

4.「嚴厲者」：前進之聲

微商團隊因為有了「嚴厲者」，從而對產品的要求更精益求精，將誤差控制在最小的範圍內，更好地滿足消費者的需求，進而沉澱使用者，形成使用者黏著度和忠誠度。

5.「連結者」：合作之聲

「連結者」不斷地致力於尋找新的合作夥伴，使微商團隊不斷地擴大規模，同時他又與其他微商分享資訊，實現利益共享。

6 「標竿者」：權威之聲

「標竿者」是整個微商行業的權威者，他認可的產品一定是品質禁得起嚴格考驗的產品，他認可的合作對象也一定是值得信賴的。因為有了「標竿者」，消費者可以安心地購物。

第5章 微商營運策略：微商2.0模式下，建構全方位的營運體系

微商團隊管理13項原則：
如何提升團隊戰鬥力和執行力

現在，讓很多代理頭痛的一個問題就是：如何有效管理下級代理？其實，在日常的工作管理中，你會發現，剛開始你與你的代理在工作中還是可以高度配合的，但是由於彼此之間缺乏互動，最終分歧變得越來越多，團隊管理逐漸陷於失控，積極性就會降低，工作業績自然就會下滑。所以，為了讓團隊變得越來越好，管理者應遵循以下幾條原則。

1. 鼓勵

在工作的過程當中，團隊難免會遭到挫折或者失敗，你應該給予他們適當的鼓勵，讓他們重拾信心與勇氣，準備迎接下一次的挑戰。

此外，還要幫助他們建立一個相互學習、交流、分享的平臺，團隊透過這個平臺可以從他人身上學到很多新的東西，不要總是講一些淺顯、乏味的東西給大家聽，你需要不斷地學習新知識、新技能，這樣大家才願意聽取你的講解，他們才能因此從中受益。

所以，鼓勵團隊要有敗不餒的精神，也要鼓勵他們時常保持一種學習的姿態，這是至關重要的。

2. 意見領袖

當你在管理團隊的時候，若發現團隊積極性差，隊員懶散，該怎麼辦？這個時候，你需要從團隊裡挑選出一位優秀的、充滿正向的、受到大家一致認可的人，讓大家以他為榜樣，簡單來說，就是讓工作氣氛活躍一些，這樣大家的工作熱情也會隨之提高。

我們都知道，每個人的自制能力是有限的，甚至很低，從我們上學時候完成作業的時間就可以得知，更何況讓代理無條件地幫你工作。所以，從團隊中挑選出一位意見領袖，對管理者的工作將造成有效的促進作用。

3. 任務

管理者應該每天都給團隊制定任務下限，比如，每天完成多少訂單量或者每天為多少位客戶解決問題，讓員工從心理上對工作有一種緊迫感，從而改變員工懶散的行為。但是要注意，任務的分配也應該適量。

4. 討論

每天要與團隊討論一些關於銷售技巧與方法的問題，比如客戶為什麼沒有購買你的產品？是產品的問題，還是你在

第5章 微商營運策略：微商2.0模式下，建構全方位的營運體系

銷售過程中做得不到位？只有在這樣的討論中不斷地反省自己，總結經驗，工作才會越來越出色。

5. 考核

透過設定考核指標，團隊才能對工作有一個清楚的定位，團隊在明確目標之後，才會把銷售工作做得更好。

6. 壓力

米蘭·昆德拉（Milan Kundera）曾經說過：生命不是話劇，可以彩排一次再正式登臺。悲劇一旦上演，就必須承擔隨之而來的後果。而銷售這一行業不會那麼慘，上半個月的銷售業績或許是一場悲劇，但是我們完全可以透過自己的努力，讓下半個月的銷售業績變成喜劇。

管理者可以在每個月的15號把員工召集起來，開個會議，會議主題就是「假如今天是月底」。我們可以透過將前半個月的銷售業績乘以2，來預估本月的銷售業績，然後估算每個人的月薪水和獎金，透過對比，肯定有人歡喜有人愁。所以，定期召開會議可以讓員工知道自己與他人的差距，這樣無形中就會產生一種壓力，促使業績差的員工在下半個月奮力直追。

7. 額外獎罰

公司依賴整體考核來提升業績是行不通的，因為員工會

在心裡認為「大家都一樣」。這就意味著：大家不分你我，好的業績大家一起分享，差的業績大家一起承擔。這樣導致的結果就是：我做得好沒有比大家多分得獎金，我做得不好也沒有比大家少分得獎金，那麼，我又何必多出力呢？所以，團隊最終就會變成一盤散沙。

那麼如何解決這個問題呢？辦法就是對薪水進行二次分配。比如，總部發的薪水由管理者截留，每個月做一個內部總結：這個月做銷售量排名，下個月做新品上市排名，再下個月做模範店排名⋯⋯按照公司的考核，每個人所取得的報酬理應是：甲本月 25,000 元，乙本月 26,000 元，丙本月 24,000 元。

但是經過內部的考核，對薪水進行按勞分配後，就變成了甲本月 20,000 元，乙本月 31,500 元，丙本月 25,500 元。感覺自己薪水少了的員工可以上訴。不過，這種內部排名只要事先跟大家講清楚規則，計算過程完全透明，大家會理解並支持這種做法的。

所以，管理者應對員工實行按勞分配，讓員工透過薪水差距產生危機感，只有在這樣一種相互比較、相互競爭的環境中，員工才能真正將自己的潛力激發出來，從而提升工作業績，為公司創造更大的利潤。

8. 技巧總結

在管理團隊的時候，你會遇到各式各樣的棘手問題。在遇到問題的時候，首先要冷靜分析問題產生的原因，然後盡可能想出各種解決問題的辦法，再透過比較，選出最合適的一種。之後你要根據具體情況，想一想應如何避免這類問題的再次發生。

只有不斷地分析、解決、總結，你在管理團隊的時候才會變得越來越遊刃有餘，團隊也才會越來越有幹勁！

9. 暗樁

暗樁，顧名思義，就是提前找好配合自己的人。管理者一開始讓大家在群裡分享工作經驗的時候，大家可能因為還沒有適應，所以言語不多，表現得較為矜持。

為了讓氣氛活躍起來，群主最好在前一天晚上和隊員進行一一交流的時候，選出自己認為表現最好的那個人，然後鼓勵他在明天早會上，與大家一起分享他的一些工作經驗與技巧，給大家做個榜樣，並給予他一定的獎勵。

10. 明確團隊與個人目標

一個人只有明確自己的目標後才知道努力的方向，團隊也是如此。所以，管理者在帶領團隊的時候，為團隊設立一個準確的目標非常重要。團隊目標有了，每個隊員的目標也

要明確，只有這樣，隊員才會清楚自己應該做什麼，採用什麼辦法，達到怎樣的效果。有了目標，才會有鬥志，才會有凝聚力。

常見的銷售團隊的目標主要有：業績目標、每個隊員的個人目標、開發服務客戶目標、支出預算目標、銷售人員培養目標。這些都是作為銷售管理者應該知道的最基本的管理指標。

11. 團隊溝通

溝通在不同的環境中應採用不同的方式，應有不同的側重點。所以，首先要了解企業管理團隊溝通時的環境的特點，主要包括以下幾點。

- 管理者與團隊之間透過面對面的語言交流或者電話、影片交流的方式進行溝通，有時也可以用文字這種更加委婉的間接表達方式。
- 溝通的內容包括生活（如情感、觀念）和工作（如訊息、方法）兩個方面。
- 溝通過程中要注重隊員的心理變化。管理者在與團隊進行溝通的過程中，應注意說話的語氣、臉部表情，這些訊息都會在隊員心裡形成反射，從而影響他們的態度與行為。

第 5 章　微商營運策略：微商 2.0 模式下，建構全方位的營運體系

- 溝通中遇到的障礙。由於每個人的生活經歷與教育背景不同，所以，每個人的觀念、價值觀必然存在差異，在溝通的過程中就難免會出現溝通障礙。還有可能是因為大家接受的資訊來源不同，導致消息失真，從而使溝通難以順利地進行。
- 訊息接收者的反應。我們從團隊的反應就可以看出溝通的效果。

12. 培養分銷團

對分銷團的培養主要包括人品、知識、銷售技能、管理技能這 4 個方面。

- 人品方面的培養。一個人只有先學會做人，才有可能把事做成功。對使用者誠實是銷售人員最基本的素養，使用者在詢問產品時，銷售人員應該詳實地告知使用者，不可誇大或者隱瞞事實。這樣久而久之，公司的口碑自然會越來越好。
- 知識、能力的培養。銷售人員必須具備一定的學習能力，不僅要掌握自己公司產品的相關資訊，還要學習競爭對手在產品銷售過程中的一些技巧和方法，做到知己知彼，百戰不殆。
- 銷售技能的培養。銷售技能包括對銷售人員的禮儀培

訓，展現產品的技巧，與使用者進行溝通、談判的技巧等。
- 管理技能的培養。例如，時間管理、客戶管理、銷售管理等。

對分銷團的培養僅僅交給培訓師是不行的，銷售人員是企業中最難管理的一個群體，所以，銷售經理必須協助培訓師一同進行管理。

13. 處理衝突的規則

健康的團隊不僅需要明確的目標，還需要制定行為準則。行為準則就是用來約束隊員行為的，如果隊員之間發生衝突，就按照準則進行處理。

制定行為準則的目的就是為了避免形成「三角」關係，從而更公正、客觀地解決問題。所謂三角關係就是，當雙方發生衝突時，他們轉向第三方以尋求解決問題的辦法，這樣極有可能會造成因偏向某人而使矛盾加劇的後果。所以，為了保證處理問題的公正，就必須制定一個大家都認可的行為準則，當有衝突發生時，就可以對事不對人，把事情處理得讓人心服口服。

在制定行為準則時，要盡可能地做到詳細、明確，不要出現模稜兩可的情況，這樣才會得到大家的支持與信服。

第5章 微商營運策略：微商2.0模式下，建構全方位的營運體系

第 6 章
社群媒體行銷與推廣：
藉助社群平臺提升轉換率與購買率

第6章 社群媒體行銷與推廣：藉助社群平臺提升轉換率與購買率

社群媒體行銷與營運實戰技巧：基於社群平臺的四大行銷模式

要分析社群媒體行銷技巧就要先明確如下幾個方面的問題。

1. 你加入社群媒體行銷行列的原因是什麼

只是為了跟隨潮流嗎？還是覺得如果不加入社群媒體行銷的行列，自己就掌握不了主動權？若你不明白自己從事社群媒體行銷的原因，就算是加入到這個行列，依然掌握不了主動權。有些人給出的答案是，社群媒體本身的特點決定它應該被應用到行銷中。然而，他們真的清楚社群媒體在哪些方面具有鮮明的個性化特徵嗎？

2. 什麼樣的產品可以藉助社群平臺來行銷推廣

我們不能忽視的一點是，並非任何品牌或產品藉助於社群媒體行銷都能取得良好的效果，另外，社群媒體行銷工具中的一種或幾種對特定產品或品牌來說可能是有效的，但不能一概而論。

如果你想運用社群媒體行銷，首先要確定產品或品牌的

定位,分析一下運用社群媒體行銷的方式能不能凸出產品或品牌本身的優勢和價值所在。若透過社群媒體行銷能夠將消費者的目光吸引到產品或品牌的獨特性上,則該產品或品牌可以採用社群媒體行銷的方式來進行推廣宣傳。

根據我的經驗分析,社群媒體行銷這種推廣方法比較適用於大眾化品牌和針對專門化市場的小眾品牌。

3. 社群媒體的獨特之處有哪些

作為行銷方式的一種,社群媒體行銷和其他行銷方式的區別在哪裡?要清楚社群媒體本身的獨特之處,才能把社群媒體本身的優勢靈活運用到行銷過程中。

透過社群平臺為使用者解疑答惑的方式更加多樣,能夠增強使用者體驗,其使用者群的針對性較強,能夠在提升使用者依賴性的基礎上將其發展為自己產品的客戶。

第6章　社群媒體行銷與推廣：藉助社群平臺提升轉換率與購買率

官方帳號行銷：
官方帳號的策略、方法，技巧與實踐

官方帳號的作用

1. 透過社交平臺把訊息分享給好友

當使用者在手機應用程式中瀏覽到自己認為有價值的資訊（如一段文字或一段影片）並想與某個好友共享此資訊時，就能應用平臺中的分享功能，將資訊分享給對方，對方接收後只要開啟連結就能看到具體的訊息內容。

2. 透過平臺把訊息分享到主頁

當使用者在應用程式或者網頁上看到自己感興趣的訊息（包括文字、圖片等形式）時，可以將該訊息內容分享到自己的主頁，這樣好友就能檢視該訊息內容並進行留言互動。

兩個人性化的功能設定

1. 群發訊息

使用者能夠在手機終端的社群平臺用推送訊息給訂閱該官方帳號的使用者。

2. 自動回覆

考慮到官方帳號的粉絲數量通常比較多,社群平臺通常提供了自動回覆功能,使發送方能夠自己設定自動回覆的內容來回覆粉絲詢問頻率較高的問題。如果使用者不知道怎麼應用這個功能,可以給官方發送訊息,他們會給予自動回覆。

利用官方帳號行銷需要知道的 4 點

1. 透過 QR Code 來發出和訂閱官方帳號

以 QR Code 方式來發出和訂閱官方帳號也是社群平臺的特色所在,其他使用者可以用手機掃描 QR Code 來新增對方為好友。每一個註冊官方帳號的使用者都擁有屬於自己的 QR Code,方便其他人的訂閱和追蹤。

2. 推送的訊息具有較強的針對性

訊息發送方可以根據粉絲的特徵對其進行類別劃分,以提升訊息推送的針對性。

3. 推送更精彩的內容

一般的官方帳號,能夠向粉絲使用者推送文字、語音和圖片形式的訊息。經過官方認證的官方帳號,則可以發送品質更好的內容。有些內容是較精簡的,還可以發送專題性的訊息內容。

4. 將個人關係與公共關係分開管理

使用者在接收訊息時,若訂閱的官方帳號較多,就可能因為訊息推送過多而受到影響。新版的官方帳號將不再進行訊息提示,方便使用者將個人關係與公共關係分開管理。不過對使用者而言,他們最在意的還是訊息內容的品質和品牌,因此推廣的訊息要切實抓住使用者的需求。

官方帳號展望

迄今為止,即使訂閱的是同一個官方帳號,這些使用者之間也不會進行交流互動,使用者訂閱某官方帳號的目的在於從中滿足自己在資訊方面的需求。

不過官方帳號的品牌方則可以據此掌握粉絲使用者的特徵資訊,也可以在平臺中以語音的方式與粉絲進行交流互動,越來越多的行銷者意識到這種互動方式的價值所在。相信在不久的將來它就會成為重要的行銷方式。

1. 以內容為基礎,提升內容品質

在平臺中進行功能的進一步延伸,以此來發展長期使用者,形成自己的生態圈,這也是官方帳號的初步規劃。

2. 培育官方帳號

現如今有兩種官方帳號,一種是每個人都可以申請的帳號,還有一種是官方認證的。後者的申請條件是訂閱該官方帳號的使用者要達到一定數量。這種認證申請規則的制定能夠在相當程度上對官方帳號推送的訊息形成品質方面的約束,由於該平臺面向廣大的使用者群體,這樣的管控有利於其長遠的發展。

3. 提升品牌的影響力

我們不能忽視的是,在該平臺中,行銷者能夠透過朋友圈及個人關注頁來拓展品牌的覆蓋面。所有使用者關注的品牌標誌都會顯示在他們的訊息頁面上。如果有人關注了你,就能了解你的興趣。不過,是否讓別人看到你所關注的品牌還是由你自己來決定。

4. 去中心化的平臺級創新

現階段,訂閱特定官方帳號的使用者不會進行彼此間的互動,他們的動機是為了滿足自身的需求。訊息發送方能夠

第6章　社群媒體行銷與推廣：藉助社群平臺提升轉換率與購買率

以此來掌握使用者的相關特徵並與其交流。

回歸根本層面，官方帳號並不存在中心化的控制。使用者通常傾向於選擇參與性和互動性較強的平臺。透過應用該平臺，每個使用者都能與別人分享資訊、成為傳播者並擁有官方帳號。使用者也可以在這裡與自己的偶像進行接觸和交流。每個使用者都能透過該平臺展現自己的價值所在。不管是經營者、媒體，還是使用者個人，都能在官方帳號尋求適合自己的發展道路，不會受到商業模式的影響。

不管是普通官方帳號還是擁有眾多粉絲的認證帳號，都很注重展示品牌，在 QR Code 中間位置的品牌標誌就足以說明這一點。站在使用者的立場去看待這個問題，品牌展示符合使用者希望讓好友了解自己偏好的資訊內容、品牌，以及自己喜歡、崇拜的偶像人物。

不過迄今為止，社群平臺的交流主要是品牌方向粉絲群體推送訊息內容，我認為，在今後的發展中也可能實現關注同一個品牌的使用者之間進行交流互動。

指尖上的內容行銷：
如何在官方帳號上做好內容行銷

開通了官方帳號之後，應該怎樣發揮它的行銷功能，為企業或者個人帶來收益呢？企業或者個人首先應該有一個明確的操作思路，如圖 6-3 所示。

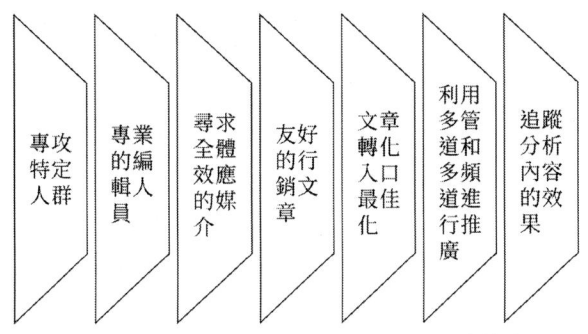

專攻特定人群 → 專業的編輯人員 → 尋求全體效應的媒介 → 友好的行銷文章 → 文章轉化入口最佳化 → 利用多管道和多頻道進行推廣 → 追蹤分析內容的效果

圖 6-3 WeChat 官方帳號上做好內容行銷的策略

專攻特定人群

為什麼要專攻特定的人群，主要有以下幾個方面的原因。

1. 瞄準特定客戶群

雖然說做生意要面向廣大的閱聽人群體，但是閱聽人群

第6章 社群媒體行銷與推廣：藉助社群平臺提升轉換率與購買率

體對產品的了解程度是不一樣的，因此應該劃定一些特定的客戶群體，比如一個產品可以面向 A、B、C 三群體進行推廣，但是真正適合的可能是 D 類群體，因此對企業或者個人來說，真正需要挖掘的客戶群體是 D，而不是將精力分散到 4 類群體中。

2. 縮小投入範圍

企業或個人的推廣資金和人力是有限的，如果能界定特定的群體，那麼就可以更加有針對性地進行推廣策略部署，在降低成本的同時，也可以將更多的精力集中起來，以提升推廣的準確性。

3. 摸透顧客的購物路徑

不同的顧客會有不同的購物路徑，而且其在不同路徑上進行資訊獲取、處理以及回饋的方式也不同。

比如，剛開始是面對一個對產品較陌生的顧客，那麼他接下來就會透過廣告了解到該品牌，如果他對產品或服務有需求的話，就會對產品或服務產生興趣，進而透過對同類產品進行比較，了解該產品的口碑，最後做出購買決策。

只有真正摸清顧客心理，才能了解他們的真正需求，並抓住其需求痛點，將他們變成自己的客戶。

專業的編輯人員

發展內容行銷，最重要的就是要有飽滿、奪人眼球的內容，但是現實中很多企業負責編輯內容的工作人員都不是專業人士，有的甚至由好幾個人來輪流編寫，可想而知，這樣的內容將很難為企業帶來效益上的提升。

因此企業應該由一個專業的編輯人員來負責內容行銷，一個專業的編輯應該具有以下特質。

1. 具有高水準的文章編輯能力

網路資訊是由各方面的產品資訊彙總而成的，這就要求工作人員有一定的合作能力和文字功底。

2. 具有一定的項目管理能力

具備項目管理能力的人，了解怎樣掌控項目的程式，並且知道該跟誰溝通以及溝通的技巧。

3. 了解 SEO 的原理

編輯可以不需要會做 SEO 項目，只要了解其中的原理即可。編輯的主要職責就是做好文字工作，而其中的關鍵字是文章中所必須的，了解 SEO 原理的編輯可以在不同的階段用不同的方式展現某個元素，並尋找搜尋引擎以及讀者之間的平衡點。

4. 是社交媒體的參與者

如果內容行銷中的內容僵硬、死板、無趣,也就很難吸引使用者,因此,如果編輯能夠熟練應用各種社交工具,那麼就可以更貼近使用者,更詳細地了解他們的興趣愛好,從而寫出更能讓使用者接受和滿意的商品資訊。

5. 具有數據分析能力

如果內容中只有結果分析卻沒有數據分析,是很難說服使用者的,因此,作為一個專業的編輯,還應該具有一定的數據分析能力,了解內容傳播速度、市場的回應度以及轉換率,透過對這些數據的分析來提升內容的可信度。

尋求全體效應的媒介

有了好的內容,如果沒有一個良好的媒介和傳播管道,那也是沒有用的。因此,在發展內容行銷的時候,可以充分利用自己以及合作夥伴的各種推廣管道、忠實粉絲、訂閱者以及行業的意見領袖等,有了他們的幫助,內容行銷可以實現更大範圍、更多管道的宣傳,同時也有機會帶來更大的回報。

有好的行銷文章

不管採用什麼樣的形式,每一篇行銷文章都應該有一定的價值,行銷內容本質上就是跟客戶之間的一種對話,透過與他們情感上的交流來拉近彼此之間的關係,從而對他們的購物行為產生影響。

因此,一篇好的行銷文章應該有以下幾個要點。

1. 最佳化關鍵字

能看到和好看是兩個層面上的概念,即便內容再好看,如果不能被使用者搜到,那麼也就不能發揮其行售價值。因此,編輯應該學會最佳化關鍵字,便於使用者搜尋,並保證使用者在看完文章之後就能用幾個關鍵字將其描述出來。

2. 突顯價值

進行內容行銷需要向使用者傳遞的東西有很多,但是其中最重要的一點就是要突顯個人或者公司的價值。大多數的中小公司賣的大部分是同質產品,並且在價格上也都相差無幾,還有相似的行銷管道,要想在眾多相似的產品中脫穎而出,吸引住使用者,就需要用個人或企業的價值來作為關鍵點。

3. 要有品牌精神和個性

做中庸的品牌雖然看似比較安全和穩定,但是很難讓使用

者產生眼前一亮的感覺,而且未來也很難受到 90 後甚至 00 後消費族群的歡迎。因此,品牌應該有自己的個性和獨特的內涵,並在內容行銷中展現出來,從而更好地抓住使用者群體。

文章轉化入口最佳化

有了好的內容行銷,還應該有一個好的入口,從而讓使用者更方便地行動,收藏分享、一鍵加好友、直接購買按鈕等都是一些轉化入口。

使用者進行的每一項行動都代表著其對內容的興趣,因此就需要有相應的行動按鈕來支持使用者的行為。內容行銷有眾多的發布管道,每一個管道都應該對自己的入口進行最佳化,從而為使用者的行動提供更多的方便,導向連結以及 QR Code 是最簡單的入口方式。

利用多管道和多頻道進行推廣

由於資訊呈現碎片化的趨勢,如果單純依靠單一的傳播管道,無法擴大影響力的範圍,因此,要想內容行銷取得較好的效果,最重要的就是要開闢更多的傳播管道,進行更加全面的管道傳播策劃,主要包括:關係行銷介入、短期活動植入、合作夥伴的市場推廣、社交媒體活動等。

追蹤分析內容的效果

對內容分析的效果追蹤,主要集中在如下幾個指標上。

1. 內容製作的效率

比如原本需要兩週完成的內容,現在只需要兩天就可以實現,這就說明團隊的工作效率在提升。

2. 內容傳播的速度

之前可能只有獲得好友的關注,而現在有了更多人在關注,分享量和評論數量得到了有效成長。

第6章 社群媒體行銷與推廣：藉助社群平臺提升轉換率與購買率

粉絲經濟下的社群媒體行銷：社群媒體行銷必須要具備的十大能力

隨著時代的發展、科技的進步，企業的行銷模式也在不斷地發生變化：行銷介質發生了變化；行銷方式也在變，基於社群平臺發展起來的微商無疑是最好的證明。微商的興起對消費者來說是一大便利，可以不用再坐在電腦前購物了，而是在滑社群媒體的時候，順手就可以瀏覽商品。

因此，越來越多的人也開始意識到微行銷的重要性，但是怎樣才可以做好微行銷呢？很多人也有這樣的疑問：為什麼自己也開始做微商了，但就是做不起來？針對這樣的疑問，本節旨在探討要想做好微行銷應該具備的能力，如圖 6-4 所示。

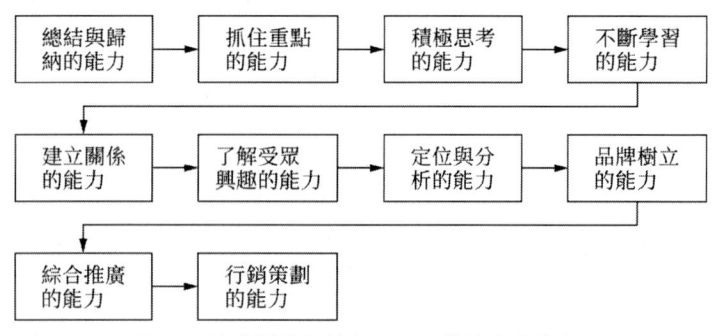

圖 6-4 社群媒體行銷必須要具備的十大能力

總結與歸納的能力

這是作為微商首先應該具備的能力。總結與歸納是指從日常生活中所經歷的事情總結出自己認為有價值的東西,並且在其他類似的事情上經過靈活運用可以達到事半功倍的效果。如同學生學習一樣,學習了一天的課程,經過自己的歸納梳理,知識才會被吸收,而做微行銷也是如此,透過官方帳號可以看到每日的粉絲數、訪問量、點讚數等,根據這些數據,微商可以做一個簡短的總結,看看哪些地方需要保持,而哪些還有待完善。

抓住重點的能力

在具備了歸納總結的能力之後,還應該具備抓住重點的能力,能在海量的訊息中,找出對自己最有用的訊息。每個微行銷者都有自己的特點,要找到自身平臺的特點,就要在眾多的使用者中抓住最重要的訊息,發使用者感興趣的內容,增加使用者的訪問量與分享量,同時還要把訊息設計得精緻、細緻與漂亮。

積極思考的能力

這是做微商應該具備的第三個能力。一位優秀的微行銷者能在繁雜瑣碎的問題上積極應對,敏捷思考怎樣讓自己的微行銷更具有吸引力,以增加使用者訪問量。因此,他們會

第6章 社群媒體行銷與推廣：藉助社群平臺提升轉換率與購買率

選擇使用者感興趣的文章內容，並搭配吸人眼球的圖片，而在圖文的搭配上，他們也會精心設計一番。

不斷學習的能力

行動網路時代，事物的更新換代速度變快，要求人們不斷地學習、思考，而學習不是局限於對書本的學習，還包括實踐能力的提升。作為微商，要想成功地做下去，還需要向他人學習，關注一些成功的微商，學習他們的經營經驗，再根據自己平臺的特點有針對性地學習。

建立關係的能力

人作為一個個體生存在這個世界上，必然要與他人交往溝通，在行動網路時代，做微行銷也需要跟他人分享合作，單打獨鬥遲早會在這場微商之戰中失敗。身為微行銷者，要充分利用官方帳號，不僅要與粉絲保持密切的聯絡，適當地發送福利，與其他微商同行也要加強合作，建立自己的資源共享圈，以便日後的不時之需。

比如說，你做微行銷，跟一些優秀的平臺營運商建立良好的夥伴關係並保持合作，那麼你就可以利用他們的平臺宣傳推廣自己的官方帳號，讓更多的使用者發現、關注你，並成為你的粉絲。

粉絲經濟下的社群媒體行銷：社群媒體行銷必須要具備的十大能力

了解閱聽人興趣的能力

閱聽人的興趣決定了官方帳號平臺推送的內容類型，很多微行銷者也意識到具備了解閱聽人興趣能力的重要性，並開始採用多種方式去了解閱聽人興趣，如活動調查、有獎問答等，還利用自己的行銷號進行數據統計。了解了閱聽人的愛好，可以使你在最短的時間裡了解使用者的需求，以便日後內容的調整。

定位與分析的能力

定位與分析能力是作為微行銷者必須具備的第七大能力。定位分析就是透過官方帳號的統計數據，了解使用者喜歡什麼類型的內容、風格，從而更確定自身的定位。

只有將自己的官方帳號定好位，社群平臺才能發揮最大的價值，為微行銷者創造最大的財富。而進行定位需要涉及這幾方面內容：使用者年齡層、職業，推廣方式、時間，成本的預算，盈利模式，產種類型等。

品牌樹立的能力

一個優秀的官方帳號離不開良好品牌的樹立。一個優秀的微行銷者必須具備樹立品牌的能力，官方帳號有了良好的品牌，不僅可以為自己創造商機，推廣自己的個人品牌，而且還可以推廣企業的知名度。因此，微行銷者要時刻重視對品牌樹立的學習。

第6章 社群媒體行銷與推廣：藉助社群平臺提升轉換率與購買率

綜合推廣的能力

綜合推廣的能力在微行銷行業中備受重視。一個平臺即使再優秀，沒有切實有效的推廣策略，還是不能為廣大使用者所熟知，也就無法實現它的價值。所以，如果你想從事微行銷行業，就必須具備綜合推廣的能力。

行銷策劃的能力

很多人都認為社群媒體行銷就是在官方帳號上發一則廣告，被人看到了，然後有人來買單，這就是行銷，卻忽略了發出的這條廣告是否具有吸引力，是否會被粉絲分享到主頁等因素。很多平臺一次行銷效果還不錯，但想進行二次行銷，讓上一次買單的客戶再次進行買單就變得很困難。要想成功地進行二次行銷，就需要有成功的行銷策劃。

行銷策劃就是根據企業的行銷目標，企業顧問制定的一系列針對產品、服務、價格、銷售等環節的策略，成功地吸引粉絲，並使其透過經營的平臺為產品買單。在微行銷行業裡，最忌諱的就是單純地發廣告，而使產品與策略脫離，在廣告裡只有產品的名稱、價格、功能、使用方法等，這樣的廣告很容易使粉絲厭煩，而蘋果、小米的行銷策略則給了微行銷者們一些借鑑經驗。

如果一個微行銷者具備了這十大能力，那麼他無疑是成

功的，必將成就一個成功的行銷案例。對於擁有龐大粉絲群的微行銷者而言，這些粉絲就是他的資源；而對於草根微行銷者來說，則需要努力學習這十大能力，經過長期的經營，也一定會做好微行銷。

產品行銷及營運:微商如何建立、維護與管理好客戶關係

微商經營者經過一段時間經營後,累積的粉絲逐漸變多,接著就有一個問題隨之而來,微商經營者到底該如何維護好這些客戶,讓他們由客戶變為忠實的粉絲呢?大部分的微商培訓都比較注重怎麼吸引粉絲,但鮮有談及如何維護好客戶關係。下面將針對如何維護客戶關係做出詳細講解。

建立客戶關係

建立客戶關係是指透過一系列手法把所有的客戶集中到一個圈子裡,但在做這件事之前必須先弄清楚客戶的來源有哪些;使用者的支付方式也有所不同。對於如此分散的客戶來源,我們必須先將使用者集中到一個池子中,完成對使用者資訊的集中管理。

解決方案:透過辦公軟體 Excel 建立表格或者透過一些專業的微會員系統將所有的使用者資訊集中起來進行統一管理,為了方便為客戶發貨,我們需要統計幾個客戶的屬性來建立使用者資料庫,包括姓名、聯繫方式、收貨地址、管道來源等,還可以新增其他的標籤,以方便今後的活動推廣,如圖 6-5。

圖 6-5 微商客戶資料庫示例

微商客戶資料庫							
姓名	電話	地址	性別	來源	購買時間	購賣產品	備注

購買環節

這個環節到底該如何維護客戶？客戶的購買流程中一般會有訂單催付、發貨提醒、物流查詢以及後續評論等，如圖 6-6 所示：

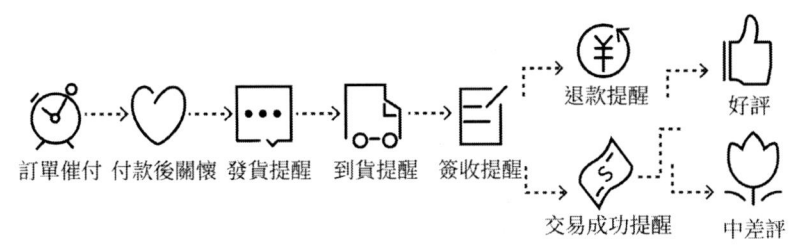

圖 6-6 客戶的購買流程

微商同樣也會遇到客戶只是來詢問卻並不購買以及下了訂單之後不去付款的問題，而現在的微商大部分是由個人來營運，還沒有實現團隊化，可能也沒時間去處理這些問題。

但是對於微商營運者來說，應該注意好兩個板塊：詢問未下單的客戶與發貨環節。由於現在微商還處於發展初期，如果你能夠比別人更為注重對客戶的服務與體驗，消費者會更容易買帳，你的品牌也會更容易獲得成功。

第6章　社群媒體行銷與推廣：藉助社群平臺提升轉換率與購買率

交易完成後

在客戶購買完產品之後，應該怎麼去維護客戶？可以先分析一下客戶購買之後的幾種行為。

- 分享：主要透過一些交流工具向親戚、朋友等做介紹，為你吸引更多的顧客。
- 回購：再次購買產品以及一些周邊服務等。
- 流失：對產品不滿意，不會再購買你的產品。

其實在客戶交易完成之後的環節主要涉及兩個要素：使用者生命週期與產品週期。微商現在主要在做的產品大多是快速消費品以及一些地方特產等。

微商很注重粉絲，但將客戶發展為粉絲甚至是分銷商則要經歷一定的階段：從潛在顧客到新顧客，演變為老顧客，再到忠實顧客，最後發展為忠實度極高的粉絲，甚至有可能使之成為你的分銷商，當然，這其中還有一部分客戶可能會因為某些原因而流失。

因此，在累積和維護粉絲的問題上，應該要做好如下3個方面的工作。

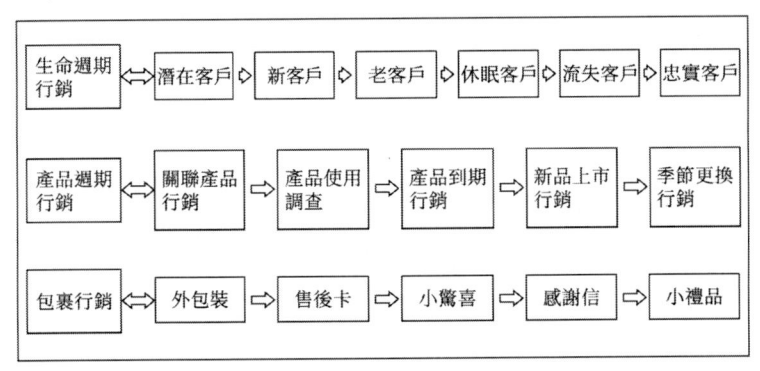

生命週期行銷	⇔	潛在客戶	⇔	新客戶	⇔	老客戶	⇔	休眠客戶	⇔	流失客戶	⇔	忠實客戶
產品週期行銷	⇔	關聯產品行銷	⇒	產品使用調查	⇒	產品到期行銷	⇒	新品上市行銷	⇒	季節更換行銷
包裹行銷	⇔	外包裝	⇒	售後卡	⇒	小驚喜	⇒	感謝信	⇒	小禮品

圖 6-7 微商各周期的行銷流程

1. 購買分析

可以透過辦公軟體統計數據對客戶的二次回購以及其週期進行分析，主要包括客單價、回購率、回購週期等。

2. 產品週期行銷

它主要是指在客戶購買了你的產品之後，根據其使用週期去進行客戶的維護工作，這裡將週期定義為購買、使用、結束、回購 4 個階段。在購買期要注重產品的體驗，在使用期要注重客戶關懷，在結束期要及時與客戶交流、引導客戶回購，在重購期要注重優惠促銷，以吸引顧客等。

3. 對於使用者生命週期維護

側重點還是在於找到與客戶的溝通點，與客戶盡量多地進行互動，至於會員生命線維護流程，即在每一個週期環節

第6章 社群媒體行銷與推廣：藉助社群平臺提升轉換率與購買率

內找到跟客戶的接觸點，然後去跟進並維護客戶。由於個人微商本身缺乏一些工具端的支持以及對客戶數據的有效收集和整理，所以就需要做更多的客戶互動活動。

客戶維護前提

客戶維護的前提還是要做好客戶的精準定位，透過前面建立的資料庫對使用者資訊進行精確分析，對於不同類別的使用者採用不同的處理方式，從內容去吸引使用者，並與當下的流行元素相結合，制定出新穎的行銷方法，而不是一味地去推送廣告。

官方帳號維護

官方帳號的功能有很多，主要有標籤、群發、主頁、可見範圍、提醒誰看等。

1. 標籤

標籤是為了我們在與客戶交流或者向客戶服務的時候更有針對性，因此，可以對客戶進行一些簡單的分類。例如，做洗髮精的可以了解客戶的髮質，比如乾性的、油性的或中性的，對於不同類別的客戶使用不同的標籤。

2. 群發

嚴格控制好群發的對象與時機，利用前面的標籤和收集的訊息可以針對使用者群發送不同的內容。

3. 主頁

在主頁裡可以做一些打折促銷活動，並且透過設定讓特定的人群看到，把一些具有特殊性的使用者劃分為一個小組，然後發一些只有他們可以看到的有針對性的內容。

4. 可見範圍和提醒誰看

這兩者都屬於可以對客戶進行精準定位的行銷手法，客戶更利於看到一些有誠意的促銷與打折活動，以及一些專業性的資訊分享，前提條件是你要讓你的內容不那麼生硬，看起來要有誠意。

微商和其他產業一樣，也可以透過吸引粉絲來擴大自己的銷量，但是要想長期營運產品並最終能夠形成特有的品牌，還要依靠老客戶與粉絲的力量，這些群體極具價值，經過發展可以成為你的代理商與分銷商。

微商在產品營運方面，應該藉由個人品牌發展成為產品品牌，以獲得長足的發展。同時也應該與客戶建立良好的人際關係，提高客戶的信任度。畢竟在微商這個相對閉塞的生態系統裡，信任才是微商營運成功與否的關鍵所在。

第6章　社群媒體行銷與推廣：藉助社群平臺提升轉換率與購買率

微行銷法則：傳統企業如何利用社群媒體行銷提升流量與轉化

社群媒體的廣泛應用，使得微行銷開始出現在人們的視線中，並逐漸成為了一種廣受歡迎的行銷方式。眾多企業和商家已經圍繞微行銷展開了積極的行動。但是一些企業對於怎樣做微行銷的問題並沒有想清楚，就開始投身於微行銷行列了，那麼，企業在做微行銷時應該注意哪些問題呢？

用心

不管做什麼事，只有用心做才可能有回報，行銷也同樣如此，做行銷不是說利用幾個工具就可以做成功的。

落差引來關注

行動網路也可以稱得上是一個新科技領域。因此，像一些大型公司擁有自己的官方帳號並不奇怪，反而讓人認為是一件理所應當的事。而如果是一個擺地攤的小販來發展微行銷，就會產生一種極大的落差，這種落差會得到更廣泛的傳播，從而獲得更多人的關注，而獲得的關注在一定程度上又促進了消費。

平易近人

在社交平臺上如果貼上「官方」的標籤,就形成了一種典型的自我中心意識,這樣一來就會離客戶越來越遠。

官方帳號作為一種比較正式的代名詞,不能說一些太過隨意的話,要貼近客戶,就需要與他們進行積極的互動,講他們願意聽的話,在這種兩難的抉擇中,有的官方帳號就選擇虛擬另外一個帳號,利用這個帳號與官方帳號進行互動,官方帳號會正式和嚴肅,偶爾會分享虛擬帳號的微博,這樣一來就賦予了官方帳號更多的活力,不僅能夠吸引粉絲的注意,同時也獲得了大量的分享,擴大了宣傳。

利用興奮點來引導功能

不管是利用什麼 App,找到其主要的功能是一件比較容易的事。例如一家餐廳,其主要的功能就是點餐以及一些相關的評論和互動。而這些功能對使用者來說根本沒有足夠的吸引力,他們需要的是能夠迅速抓住他們眼球的興奮點。

比如要出去旅行,美麗的風景、獨特的民族風情以及舒適的酒店環境是一個景點的基本配備,但是大多數景區的旅遊功能基本相似,因此也就很難將遊客吸引過去。而談起成都卻能夠讓眾人眼前一亮,其原因就在於,成都在具備基本的旅遊功能之外,還有重要的興奮點,即美食,這個亮點就足夠吸引一眾遊客前往。

第6章　社群媒體行銷與推廣：藉助社群平臺提升轉換率與購買率

先做內容，再做傳播

當很多人看到別人利用社群媒體做行銷獲得成功時，在極度的羨慕中也紛紛去註冊自己的帳號，並組織活動，然後專門找 KOL 或者找朋友分享，但是最終收效甚微。因此，企業或者個人在做微行銷的時候，關鍵是要先做好內容，再做傳播，在豐富飽滿的內容基礎上推廣和宣傳，不僅會增加產品的深度，同時也可以與客戶產生一些契合點，引起他們情感上的共鳴，讓他們心甘情願地成為自己的粉絲。

一般來說，社群媒體的內容包括如下兩個方面。

1. 之前的社群媒體內容

如果 KOL 或者朋友幫助你把使用者吸引到了社群媒體上，但是使用者在翻看過往貼文的時候發現裡面全是一些廣告推送，他就會感覺到上當受騙，迅速對你取消追蹤。因此，企業應該更加重視貼文內容的建設和規劃，圍繞客戶需求讓貼文內容更豐富些，要了解和分析客戶真正想要看到的是什麼，這樣才能靠內容來吸引和留住客戶，從而進行下一步的推廣工作。

2. 文案創意

文案創意對企業的行銷推廣工作也具有重要的意義，比如曾經有一家房地產商，為了對自己的精裝公寓做促銷，設

計了一段這樣的文案：某某房地產限時促銷中，現在購買可以享受 1 萬元抵 3 萬元的優惠，活動僅 3 天，預購從速……然後在文案的最後附上一個網址，這樣的文案在大街上、報紙上以及電視上都隨處可見，但是事實上這種文案設計純粹是靠價格優惠來引導消費者，效果並不好，而且房地產之間為了取得價格上的優勢，還有可能造成惡性競爭。

同樣是做文案設計，如果打出的是情感牌，利用人們對偶像崇拜和喜歡的心理來引起消費者的關注，結果會證明，這樣的文案設計是很有成效的，使用者進入網頁瀏覽的轉換率更高。

做「微行銷」全案還是個案

在做微行銷的時候到底是社交 App 全用，還是只利用其中一個，對於這個問題，答案主要取決於具體的行業和客戶的採購習慣。

比如在奢侈品行業，有一位經營者最開始只是利用官方帳號進行產品推廣，然後將官方帳號上的使用者引導到購物平臺去購買，剛開始效果還不錯，使用者轉換率也很高。可是後來，競爭對手開始透過官方帳號私聊的方式用更優惠的價格來招攬顧客，不僅將其顧客搶走了，還為其後續的產品

推廣帶來了壞影響。後來該經營者開通了群組,並將在官方帳號上進行諮詢的客戶加到群組,生意重新恢復,一個月的銷量規模就已經達到了百萬元的級別。

自己做還是交給專業公司

對於這個問題,我認為自己做微行銷更好一些。它只是一種工具,只要能夠掌握和利用好這一工具,自己做營運是一個最好的選擇,因為自己對自己所經營的產品和業務是最了解的。

但是要掌握和利用好工具,將這個工具的功能發揮到最大程度,還需要專業團隊來支撐。因此,如果自己不了解這些工具的話,也可以尋求專業團隊的幫助,小公司可以採用外包的形式將微行銷的工作外包給專業行銷公司,而大公司則可以透過應徵顧問,與專業的行銷團隊達成合作,共同聯手做好微行銷。

社群媒體只是一種發展微行銷的工具,這是企業和個人在開展微行銷時首先應該弄清楚的一個問題,能否利用微行銷取得良好的收益還是要取決於企業和個人的努力。

第 7 章
為微商正名：
建立完善的信任機制，
拒絕「傳銷」標籤化

第7章　為微商正名：建立完善的信任機制，拒絕「傳銷」標籤化

以「信任」做代言：微商如何與顧客建立強信任關係

微商逐漸成為人們關注的一大焦點，究竟「微商熱」為何愈發如火如荼？其原因大致有以下兩點。

第一，隨著社群平臺的日益成熟，微商的群體規模也越來越大，相應的競爭也日趨激烈。微商資源被竭力開採，眾多微商都有種其即將被採盡的危機感，因此拚力以圖搶占僅剩的領土。

第二，在購物平臺上創業所需投入的成本越來越高，致使許多商家的利潤空間被急遽壓縮，於是微商便被這部分商家寄予了新希望。

行動網路的發展越演越烈，傳統的電商平臺也逐步向行動電商過渡。在此期間，社群媒體的發展變動無時無刻不吸引著微商們的眼光。雖然微商作為先行者走在行動電商的前端，但其概念在無形中被一些框架所限制，人們對其理解偏於狹隘。

「微行銷」不等於「首頁賣貨」。「微」究竟是什麼？從行銷角度來說，「微」有「微小」之意，是產品銷售方式或者產

種類型的一種新概念,藉助移動平臺首先實現行銷模式的平臺化,逐步擺脫對大平臺的依賴。然後藉助使用者與粉絲之間的互動溝通,使產品的宣傳和經營流量化,將社群媒體加以整合,依次推出商品。

當這兩者累積到某種程度時,最後達到一種去品牌化的經營,即使用者消費的品牌意識削弱,購買行為逐漸與日常興趣愛好融為一體,注重入口和場景的作用,變「購買」為「樂買」。

如今,許多人對「微行銷」的理解還局限於「首頁賣貨」這個概念。而實際上,微商以行動網路媒體為載體,藉助該平臺來進行行銷。

微商帶來的改變

微商的發展道路並不平坦,甚至可以說是步履維艱。其起步較晚,模式不夠成熟,不像購物平臺一樣有完善的支付保障體制和交易系統,使用者保護權益也得不到保障。但不可否認的是,即使在這種情況下,微商依舊吸引了許多人的目光,這些人的追捧是微商得以趁勢發展的契機。

那麼,究竟是什麼讓微商即使步伐搖晃也依舊在前進?微商的出現又帶來了怎樣的改變?如圖 7-1 所示。

第7章　為微商正名：建立完善的信任機制，拒絕「傳銷」標籤化

```
自商業群體結構的改變
    ↓
購物行為從PC端行動端轉變
    ↓
用戶由C端向B端的轉變
    ↓
賣家與買家關係的重新定位
```

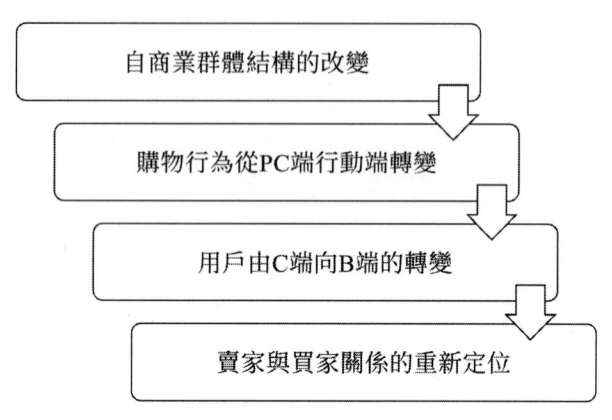

圖 7-1 微商帶來的 4 個主要變化

1. 自商業群體結構的改變

微商作為一類商業群體，其成長和發展壯大是顯而易見的。朋友圈作為社群平臺最先興起的行銷途徑，可以看作是微商最早的雛形。隨著群體的發展，後又出現了更具規模的微電商，藉助線上店鋪來建立經營模式。最後經過不斷的蛻變，微商的概念漸漸從實踐中脫胎成型。這一破繭成蝶的過程意味著自商業模式的自我完善，同時也給自商業這個群體的結構帶來了進一步的豐富和補充。

2. 加快購物行為從 PC 端向行動端轉變的腳步

許多優質的網路企業都在 PC 端建立了一定的基礎，微商作為後起之秀，其力量雖不足以改變 PC 端的地位，卻可加快其向行動端前進的腳步。

3. 使用者由 C 端向 B 端的轉變

微商的銷售鏈是由買家和賣家共同完成的，而使用者的身分不是固定的，在一定條件下可以在客戶與企業之間轉變。例如，使用者透過產品體驗認可了該產品，轉而作為微商的代理把產品推廣給其他人，這就實現了由 Customer（客戶）向 Business（企業）的轉變，即由 C 端轉向 B 端。

4. 賣家與買家關係的重新定位

在傳統的電商平臺中，企業與客戶之間的關係基本定位於產品之上，單純的人與人之間的溝通交流幾乎是不存在的。而微商的基本模式是以社交圈子為起點，而後逐步過渡到銷售，最後形成一個新的圈子。較之傳統電商單純的商業關係而言，微商更大程度上依賴於人際關係，在社交的基礎上發展銷售。

微商：以「信任」做代言

微商完成交易相當程度上依賴於商家與客戶之間的信任程度，其未來的發展趨勢也將建立在「信任經濟」這一基礎上，打造以人與人交流互信為基礎的行銷模式。其具體表現為以下幾個方面。

第7章　為微商正名：建立完善的信任機制，拒絕「傳銷」標籤化

1. 以社交為前提的微商經營

微商的運作是以與使用者建立社交關係為基礎的，而這種關係能夠上升到可以完成銷售過程的前提便是信任。簡單來說，就是由陌生人變為熟人，再由熟人變為客戶的過程。建立關係是第一步，此後透過進一步地溝通交流，關係由弱逐步變強，以個人的信任為基礎，長此以往，使用者的信任也會類比到產品。而只要產品的品質過關，最終的交易行為大多能夠完成。

2.「信任」的價值利益

在社交關係的建立過程中，「分享」是一條重要的管道。透過分享有價值和有趣味性的內容來引起使用者的注意，會帶給使用者不錯的印象，並能逐步滲入使用者的日常生活。使用者能夠不斷從分享中獲取有效訊息，便會逐漸與分享者建立起信任關係，分享者在看似無償的分享中實則累積了「信任資本」。

此後若延伸出有償的分享，而內容也恰為使用者所需要，那麼使用者基本不會再花費時間去重新尋找。這樣一來，一條完整的經營鏈條就會逐步建立，對於企業和使用者來說，這都是一舉兩得的事情。

3. 影響力引發使用者信任

　　不是每一個人都能做好微商，因為讓使用者產生信任是一個十分漫長而艱難的過程。相較而言，一個專業人士的話語比一個普通人的話語更具有說服力，也更能使人信服，在微商領域同樣如此。一些已經具有一定影響力的達人在他們各自的領域擁有話語權，因此他們所推廣的內容、介紹的產品就更加能為使用者所接受。影響力基本上決定了使用者的信任度。

　　這一效應展現在產品上便是產品附加價值之間的區別，這個附加價值歸根到底還是人賦予的。例如，提起賈伯斯，人們緊接著就會想到蘋果等等。

　　綜上所述，微商經營是以「信任」做代言的，微商的信譽是其產品的「廣告」，以社交關係為前提，逐步建立起與使用者之間的信任關係，發展信任經濟，這是微商未來發展的必經之路。如今，資訊透明化越來越明顯，人與產品之間的傳統關係逐漸深入為人與人之間的社交關係，這種趨勢不但促進了微商經營的模式發展，反過來微商的信任經濟也會加速此趨勢的進一步流通。

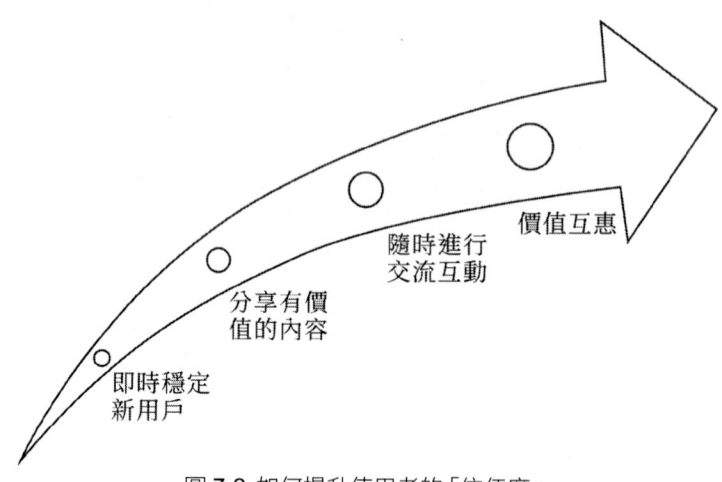

第7章 為微商正名：建立完善的信任機制，拒絕「傳銷」標籤化

圖 7-2 如何提升使用者的「信任度」

1. 即時穩定新使用者

當吸納一個新使用者之後，微商所要做的第一件事便是與該使用者進行溝通交流，這是穩定新使用者的第一個步驟。交流內容無需複雜，通常來說 3 到 10 句話便足夠。內容雖簡單，但這是建立彼此之間信任關係的第一步。人與人之間從陌生到熟悉必然也是從簡單的寒暄開始的，微商經營也是一樣，第一步很簡單，卻是必須要邁出的。

2. 分享有價值的內容

在使用者基本形成群體以後，微商就要不定期地對該群體進行維護，維護的最佳方法便是針對這個群體的特點來分享一些其可能感興趣的、有價值的內容，透過分享率對內容

做出不斷調整，盡可能提高其價值含量。長此以往，使用者會越來越多地從分享內容中獲取對自己有價值的東西，從而慢慢保持對分享者的長期關注。

這個分享維護的過程就是微商進行自我展示的過程，也是與使用者之間培養「感情」的過程，時機成熟了，使用者自然會建立起對微商的信任。

3. 隨時進行交流互動

在建立了一定的「感情」之後，就可以與使用者之間開展一些互動活動，進一步激發使用者的信任。活動形式多種多樣，最基本的便是官方帳號貼文下的評論和點讚，簡單的交流會使微商的形象不時地進入使用者的視野，並且形象分會持續上漲。此外還可進行紅包、小禮品的發送，以及舉辦抽獎活動。這些活動的花費不一定多，所耗精力也不大，但往往可以取得不錯的效果。

4. 價值互惠

微商可經常為使用者群體整理、分享工具性、實用性內容，諸如生活小技巧、Word 快捷鍵使用、實用手機應用程式等。使用者們長期從此類分享中獲得有效價值，對分享者的信任度自然會上升，此後在行銷關係建立時也更願意與曾幫助過他們的微商建立關係，這就是價值的回饋。價值互惠既

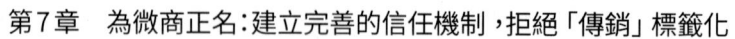

第7章　為微商正名：建立完善的信任機制，拒絕「傳銷」標籤化

是微商可以經營之作，也是微商與使用者之間的雙贏。

總而言之，微商行銷的前提就是與顧客建立強信任關係，在社交關係成熟的基礎上再展開經營模式，達到一種水到渠成的經營狀態，這才是微商經營的成功模式。其中，產品品質只是一方面，人與人之間的溝通交流更是極大的助力，能為微商奠定良好的基礎。

信任決定微商成敗：
打消顧客的疑慮，提升顧客信任度

在微商的整個營運流程之中，有一件事貫穿始終，那就是——打造信任。試想一下，微商從一開始選擇經營的品牌，到為之宣傳，再到與目標顧客群進行溝通，哪一個環節都不能脫離信任二字。因為，信任是一切微商活動的基礎，既然如此，微商就需要努力建構與客戶之間的信任基礎。

其實，「信任」這個詞一直就是商業活動中的一個必備武器，尤其是到了電商時代，更是成為了眾商家的殺手鐧。這種信任來自內部的員工，來自選擇在此創業的購物平臺賣家，更是來自選擇在此平臺上購物的買家。而這一點，對微商來說，不止是一種經驗，還是一種啟示。

以傳統電商為例，在行動電商時代，信任能夠為微商帶來什麼

在網購大行其道的今天，大多數人都有在購物平臺上購物的經歷，而每個人在進行網購時有著不同的習慣，有些人較注重價格，有些人較注重買家評價，更多的人則普遍注重商品的品牌以及賣家的 DSR 評分，因為這裡面有著決定其是否值得「信任」的依據。現在購物平臺平臺上客流量較大的賣

第7章　為微商正名：建立完善的信任機制，拒絕「傳銷」標籤化

家，在買家眼裡多是有著信任基礎的。

我們可以從網購的流程上來稍作分析。一般來說，買家在購物時，先要對商品進行了解，之後是填寫訂單並提交，接下來是進行支付，然後等收到貨物之後再點確認收貨，這才算是一次完整的購物行為。而在這一流程之中，每一步之所以能夠進行都是有信任作為依託的。

了解商品時，如果沒有信任，那麼商品的介紹就相當於一紙空文，也就不會有提交訂單的後續行為；當提交了訂單，面臨的就是支付，如果沒有信任，那麼第三方支付平臺就相當於一個擺設，也就不會有付款的動作；當付款之後，就到了物流配送這一步，如果沒有信任，網購就不會在買家的選擇之列。所以說，整個流程都有「信任」陪伴其中，哪一個環節都不得脫離，一旦有了缺失，交易將不復存在。

其實，在傳統的商業行為裡，建立信任感本就是不可或缺的一部分，電商中尤甚。電商與信任兩者之間的關係，就像是人與空氣之間的關係一樣，失之則無法生存，而微商自然也是如此。

與消費者之間建立信任，是電商能夠生存下去的基礎，更是電商贏得回報的一個保障，還是電商核心的、有效的競爭力之一。

當你想買一個電子產品的時候，有 A 和 B 兩個平臺可

以選擇，多數人的選擇會是 A。儘管 A 的價格要高於 B，也仍然是許多人的首選，原因在哪裡呢？就在於信任感，大多數人都相信 A 上的產品是正品，出現假貨的機率小之又小。由此我們可以得出一個結論，在電商營運的過程中，提升自身的信任度是重中之重，也是電商轉換率得到提升的一個核心點。

如果一個購物網站沒有足夠的信任度，消費者就不會投以目光，那麼此平臺上的商店就不會有網站轉換率；如果一個購物網站累積了足夠的信任度，但又在沒有維護好的情況下有所缺失，那麼消費者也會隨之流失，網站轉換率就會不斷降低。

如今的電商網站平臺的轉換率是較低的，多數在 2% 到 3% 之間，根據電商轉換率的計算方式，這表明在網上商店的 100 名訪客中，只有兩三個人會發生採購行為，機會成本無疑是巨大的，因為有著高達 97% 到 98% 的潛在消費者只是在商舖裡留下了一個腳印。其中，可能有著對產品不滿意或是價格不合適等原因存在，但頗為關鍵的原因，一定是與信任感相關。

所以，對於電商平臺上的線上商店而言，打造自身的信任度是當務之急，這樣才能擁有留下訪問者的理由，而商店的銷售額才有可能隨著訪問者的停留而增加，哪怕是 100 個

第7章　為微商正名：建立完善的信任機制，拒絕「傳銷」標籤化

訪問者裡只增加一個交易量。而電商網站轉換率也會隨之得到一定的提升，流量成本也得到了分攤，淨利潤也會得到大幅度的提升。

我們可以舉個例子來說明，首先假定不存在其他的成本，而你的商店每 10 個訪問者就需要 100 元的成本，因為對商店的信任度不夠，這 10 個人中只有 1 個人會發生採購行為，假設商店能從一次性採購行為中獲得的收入是 200 元，那麼最終的淨利潤為 100 元；如果商店有著足夠的信任度，就會減少 1 個人的流失，那麼同樣的 100 元的成本，卻多爭取了一個交易額，淨利潤也就獲得了提升。

其實，我們從現實生活中也可以找到類似的例子，往往關係越親密的朋友，就越有可能借更多的錢給你，因為他相信你的人品，知道借出去的錢不會就此打了水漂。同理，商家與消費者之間越是擁有良好的信任基礎，就越容易產生交易行為，從而形成良性循環，消費者越來越多，交易額越來越大。

微商如何提升消費者的信任度

作為行動電商的主打，微商與傳統電商有著很大的不同，在信任感方面卻一脈相承，甚至更為重要。如今的微商儘管已經如火如荼，但仍然還沒有一個完整的體系，無信任不成交的特點更為鮮明。最重要的就是，微商的承諾要真實

可信,並能得到切實有效的履行,而消費者的信任感是在一次又一次成功的消費行為中建立起來的。所以,消費者的第一次購買是微商需要牢牢抓住的。

那麼,消費者在第一次購買時會考慮哪些問題呢?

1. 安全問題

- 一是資金是否安全,假如我選中了某一商品並下單支付了,這個微商會不會不發貨給我?
- 二是貨物是否安全,我透過圖片或文字的說明來了解我所喜愛的商品,能否保證實物與介紹相符,會不會出現假貨?我收到的商品能不能完好無損?

其實,這方面的顧慮可以歸結到一個問題上,那就是這個微商是否可靠。

2. 方便問題

我購買了商品,但拿到實物之後發現該商品並不符合我的預期,或是需要更換不同型號,能不能退貨或是換貨?過程會不會太繁瑣?而這方面的顧慮與微商的信用點其實也有著一定的連繫。

對此,微商應該如何消除消費者的顧慮呢?

面對顧客的首次交易行為,微商首先要透過種種措施來

第7章　為微商正名：建立完善的信任機制，拒絕「傳銷」標籤化

給予他們一定的安全感，一般來說，可以透過一些實用的信用機制來實現，消費者選定了所需商品之後，可以先轉向那些信用度較高的大型平臺進行交易，等建立起雙方的信任基礎之後再回歸微商的交易平臺。

微商還可以借鑑傳統電商的做法，將首次交易的門檻降低，比如向消費者推薦單價較低的商品，或是對品質要求不高的商品，舉辦一些比較有特色的優惠活動來吸引消費者的目光。

在打造自身的信用點時，初始信任度是比較重要的，因為那代表著一個良好的開端與基礎。而如何打造初始信用度呢？我們可以透過品牌效應來實現這一目標，實現途徑可以是廣告宣傳。比如在一些大型的社交平臺上，投放自己所代理的產品廣告，透過產品的品牌來打造自己的品牌。

信用度是貫穿於微商交易行為的整個流程之中的，其打造行為也要貫徹始終。初始信任感是吸引消費者來此消費的依據，而交易過程和之後的體驗更是需要信任感來作為支持。只有每一次消費行為都能夠順利、有序地進行，才能達到消費者的心理預期。或許，贏得消費者的信任，就是如此簡單。

微商的品牌化路徑：
以精細化營運建構顧客的品牌信任

從諸多微商的實踐道路我們不難發現，微商最本質的東西還是「人」，換句話說，就是依靠人與人之間所建立起來的信任關係來打造個人品牌。而透過累積人際資源所逐步形成的行銷品牌就是微商的生命。隨著微商數量的增多，越來越多的人無法找到品牌的具體定位。那麼，究竟怎樣來打造一個屬於自己的微商品牌呢？

在競爭激烈的現代，在一個領域能否取得話語權決定了發展的前景和地位，微商也是如此。如何在微商圈子裡獲得話語權，大體分為以下幾個步驟。

準確進行領域定位

微商銷售內容種類繁多，包括化妝品、生鮮產品、日用百貨等，那麼，初入微商的「新手」們首先要做到的就是選擇一個自己最為熟悉也最為了解的領域進行銷售類型定位，因為熟悉，才會給今後的發展帶來「精通」的可能。所以，微商在發展初期，根據自身對各領域的了解來確定發展類型是極為必要的。

第7章　為微商正名：建立完善的信任機制，拒絕「傳銷」標籤化

界定理想客戶群

微商的一個特點在於規模較小，人力資源相對有限，如何以有限的資源發揮最大的價值？關鍵因素之一就在於對客戶群的「精挑細選」。

換句話說，就是針對自己的銷售類型，來準確界定自己的目標閱聽人群應該是哪一類，是學生還是上班族，是企業家還是退休員工，是個人還是團隊，是年輕人還是老年人等等。客戶群一旦界定，就可以針對這個群體的整體特點來進行商品和服務的規劃，經過幾輪觀察篩選，就可以選出最為理想的閱聽人人群。

分析客戶需求

微商是利用與客戶之間的溝通和因此建立起的關係所進行的有目的的銷售。簡單地說，就是你首先應分析了解客戶需要什麼，找準其「痛處」，然後才能對症下藥。掌握客戶的需求並提供有效解決這類需求的商品，再加上及時有效的溝通，長此以往就能夠逐漸建立與客戶之間的信任，從而在客戶群中樹立其品牌意識。

「情感牌」的有效使用

與客戶進行具有「情感化」的交流是微商運作必不可少的部分。在交流過程中，取得客戶的信任和感情依賴是極為重

要的。在這一環節中，與客戶分享自己的創業過程等展現自己奮鬥經歷的故事是十分有效的方法，不僅能夠顯示出自己品牌的一步步建立有跡可循，從而提升客戶的信任度，而且可以感染客戶，使其對商家產生一定的情感依賴，建立於此的交易往往成功率會更高。

產品品質的至關重要性

微商的本質還是一項人與人之間的商品交易，產品的品質跟不上，一切都成空談。所以，微商在確定了適合的領域、了解了客戶的需求並與客戶建立了良好的感情連繫之後，就要把注意力放到產品的打造上。在這一環節，你所選擇的產品一定要是精挑細選過、能解決客戶需求的產品，而且品質一定要過關。這樣經過幾輪的銷售，你才能在客戶群中樹立良好的口碑，長此以往才能形成良性循環。

價值分享平臺

微商在其運作過程中一定要建立一個價值分享平臺，其目的在於透過自媒體形成客戶網路，不斷擴大客戶群體，從而收集大量的客戶數據。

而且這還可以吸引客戶主動來關注你的訊息甚至主動加入你的客戶群，這樣一來交易成功的機率就大大增加了。客戶從微商的分享平臺上獲取有效價值，不但可以提高其對微

第7章　為微商正名：建立完善的信任機制，拒絕「傳銷」標籤化

商的信任度，而且大大提高了客戶分享微商訊息的可能性。官方帳號、群組等都是不錯的方式。

透過平臺進行產品宣傳

在平臺基本建立以後，微商就可以透過平臺來展示自己的商品了。那麼，商品的展示是不是就是單純地做廣告呢？答案是否定的，展示商品更重要的目的在於透過前期對客戶需求的分析調查來推出自己商品的賣點，讓客戶產生與購買欲望相共鳴的東西。

除此之外，還可以在平臺上分享有價值的內容，如教學影片、免費試用裝等，在對客戶造成一定的心理暗示之後再趁勢推出主打產品，這樣也能大大提局銷售成功率。

免費且高品質的內容分享

在網路高速發展的今天，人們在網路上接觸到的資訊可以用「海量」這個詞來形容，各式各樣的圖文讓人們目不暇接。而微商的宣傳資訊要想從中脫穎而出，不但免費，而且品質要高，這樣才能使客戶看到你的訊息時一眼被吸引。客戶總有這樣的心理：免費分享的內容品質上去了，那麼收費的產品至少應該同免費一樣，甚至還要更好。

透過合作分擔經營壓力

微商經營漸趨成熟以後，微品牌也逐漸建立起來，那麼，隨之而來的經營壓力就會與日俱增。這個時候，你就要透過尋求合作夥伴來分擔這一部分壓力。合作夥伴的加入不但可以幫助你減輕工作分量，而且可以使得品牌進一步得到推廣，你所要做的只是在最後的收益中拿出一部分來進行合理分配即可。

這裡值得注意的是，尋求合作夥伴一定是在微商發展相對成熟的基礎上來進行運作的，否則將會得不償失。

微商經營進一步精細化

在以上步驟中，我們其實只解決了微商經營的最基本的問題，要想真正把微商做強，在這個領域內擁有強大的話語權，還需要進一步精細化經營。

1. 產品獨一無二

在產品繁多的當下，能夠吸引人眼球的除了產品品質外，還有產品獨特的創新性。保證自己產品的獨一無二是微商能夠「鶴立雞群」的重要法寶，只是一味地跟隨他人腳步來打造產品很難在這個圈子裡脫穎而出。

所以，在微商經營相對穩定之後，首先要考慮的就是怎

第7章　為微商正名：建立完善的信任機制，拒絕「傳銷」標籤化

樣打造獨特的產品，不但不去效仿別人，而且也讓別人難以模仿。

2. 經營更進一步

微商經營最忌止步不前。這是一個資訊化社會，更新速度不斷在加快，優勝劣汰十分殘酷，若一直安於現狀，未來所面臨的一定是被行業淘汰。因此，在微商經營相對成熟以後，你不應該放手任其發展，而是要回過頭來注重每一個細節，對細小的問題進行處理，這樣即使規模沒有擴大，你的微商也能越做越精緻，始終保持競爭力。

其中最為重要的一點就是要始終保持與客戶的持續互動，穩定並不斷擴大屬於你自己的客戶群，讓他們更多地參與到你的工作中來，以此來保證產品的持續更新，不斷注入新鮮血液，從而跟上時代的腳步。

3. 注重服務的附加價值

微商的目的是銷售商品，在這個過程中造成連線性作用的就是商品的附加價值──服務。客戶在購買商品的同時也能感受到服務的優劣，這也直接影響了其是否還會作為你的客戶留下來。

服務他人是微商最基本的工作。若這項工作做得好，客戶能夠在溝通過程中感受到你的誠意，那麼自然就會對你產

生信任,從而與你建立起親密連繫。除此之外,服務並不是總意味著按照正確的道理來做事,而是要以客戶為準,密切觀察客戶的喜惡。在很多領域,「叫板專家」似乎成為了人們所樂於去做的事,所以作為微商,注重的永遠不是專家說了什麼,而是客戶想說什麼。

第7章 為微商正名：建立完善的信任機制，拒絕「傳銷」標籤化

微商≠傳銷：拒絕傳銷標籤，關於微商的 4 個誤解釋疑

微商從誕生到發展已經經歷了一段時間，但是對於「究竟什麼是微商」、「微商和傳銷的區別在哪裡」等問題，無論業界還是媒體，都沒能給出一個確切的結論，甚至存在很多誤解，如圖 7-3 所示。一提到微商，很多人的印象就是在社群媒體裡賣貨的，雖然這個認知並不能說是錯，但是在概念認知上還是有些狹隘了。

接下來，我從我的觀察出發來解讀一下微商這個行業，希望能夠增加人們對其了解並能消除一些誤解。

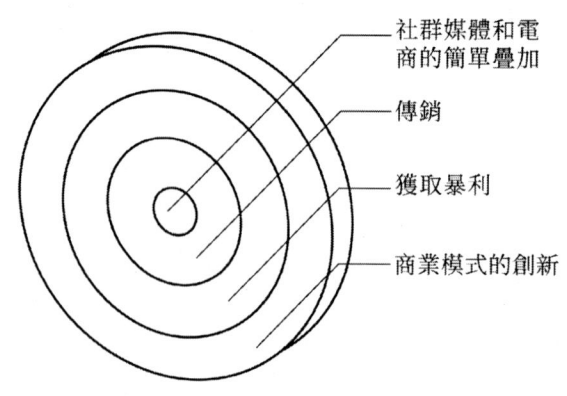

- 社群媒體和電商的簡單疊加
- 傳銷
- 獲取暴利
- 商業模式的創新

圖 7-3 關於微商的 4 個誤解

微商並不僅僅是社群媒體和電商的簡單疊加

微商從出現之初的如火如荼一直到如今被人們以警惕的眼光所看待，這期間有其自身發展的問題，但是人們對其始終沒有一個確切的認知。主頁發文推銷商品幾乎成了微商在大多數人眼中的形象。然而，這種看法是片面的。

如今，微商的意義已經遠遠超越了朋友圈電商這個概念，依託於其他社交平臺的微商已經不斷崛起。使用者可以直接在其上面開設一個網店，然後把網店的地址放到任何一個平臺上。因此，微商的意義遠不是社群媒體＋電商這麼簡單，應該是行動社交平臺＋電商。

換句話說，群組並不是微商晒貨的唯一平臺，只要在合適的平臺找到自己的產品適合的客戶群，且該平臺有一定的流量沉澱，那麼任何一個社交平臺都可以成為微商晒貨的窗口。

微商不等於傳銷

微商在 2014 年以一個閃耀的形象發展起來，但後期這層光環被懷疑、警惕的眼光所取代。原因就是微商在其發展初期，曾經以傳銷或者傳銷的理論抓住了這個難得的「溫床」，藉助大量劣質面膜和化妝品以傳銷金字塔式層層發展代理的方式虛擬出很多致富神話來吸引更多人加入其中，最終使得

第7章　為微商正名：建立完善的信任機制，拒絕「傳銷」標籤化

朋友圈裡「朋友騙朋友」的現象肆虐，微商的信任度一下降到極低。這一舉動給整個微商行業都蒙上了陰影，包括微商中從事其他產品銷售的賣家。

實際上，這種以金字塔式的傳銷理論售賣劣質面膜和化妝品的模式本質上仍舊是傳銷，並不是微商，他們只是在傳銷被打擊之後穿上微商的外衣以圖重新發展。

微商的本質是電商，這是不能改變的理論核心。只有堅持商業的根本，發展健康有序的商業模式才能走得長遠，一味地欺詐和欺騙只能走向末路。如今我們的法律和商業規則日益健全，微商在考慮賺錢的同時除了避免觸犯法律，還要時時進行自省，不可違背社會道德，違反做人的良心底線。

我曾接觸過多個從事微商的朋友，他們涉及的產品有大棗、茶葉、豆腐等土特產，還有一些知名品牌。這種微商形態才是合理的、健康的。

微商對每一個個體發揮價值的方式進行解放，而且更重要的是，無論微商還是行動電商，無論其商業模式是怎樣的，核心還是要落實到產品上來，也就是說，產品的品質是其發展的核心因素。

微商並不等同於獲取暴利

　　如今很多年輕人都面臨著不小的就業壓力，所以，創業似乎成為了一個不錯的選擇。此外，一些家庭主婦和學生也在試圖利用閒暇時間賺一點零用錢。而不少以化妝品、面膜為主的微商鼓吹者以「一本萬利」為吸引點來誘導這部分群體花大量的資金購買他們的面膜和化妝品做代理。這部分人群往往涉世不深，而且容易受到高額利潤的誘惑，便開始根據所謂「行銷大師」的指點在朋友圈推銷這些產品。

　　最開始為了開啟賺錢的局面，這些微商從業者很可能就會把這些產品推銷給自己的親朋好友。在初期靠著朋友圈之間的信任也許還能做得下去，但是隨著自己人際資源被一點點耗盡，其經營很快便會陷入窘境，非但不能賺到錢，還把投入資金都消耗在裡面。

　　因此，微商並不能等同於暴利獲取。因為其本質還是商業的一種，或者說以個人為中心的小型商業，需要一定的經營理念和能力，核心還要落實到產品上。也就是說，微商可以賺取部分收入，可以養家餬口，但絕不是那些鼓吹者所說的「一本萬利」的生意。

第7章　為微商正名：建立完善的信任機制，拒絕「傳銷」標籤化

微商的創新在於管道增加

前文提到，微商其實是電商的一種，而從這個角度來看，微商並不是一種商業模式的創新，而是在商業管道上的創新或者說增加。

所以，微商的出現與發展同現存的各類電商並不衝突，相反，還造成了補充作用。所以，對於很多電商來說，做微商並不意味著放棄原本的電商模式，而只是管道的進一步拓寬。依靠社交平臺開展商業活動的微商是行動電商的一種。

在微商席捲各平臺的狀態下，不少傳統企業也開始轉變思路，希望能借助微商來實現經營商的突破。但是做微商還是要考慮產品的特點，並不是所有的產品都可以拿來做微商的。

在微商發展初期，在面膜、化妝品等微商形成一定的規模之前，不少微商把主打產品放在了三星、蘋果等數位產品上。經過微商起起伏伏的發展實踐證明，除了被打了傳銷烙印的面膜和化妝品之外，特產是在微商領域做得比較成功的產品。原因是這些產品具有很強的地域性，對於其他地區的人來說屬於新奇產品，加之成本較低，容易獲得較高利潤，而且涉及食品健康問題，更容易藉助社交平臺的信任系統進行推廣。而其他產業的產品要進軍微商的話，還需多加考慮。

綜上所述，微商並不是社群媒體和電商的簡單疊加，也不能籠統地將其認作是傳銷。它只是在行動網路迅速發展的今天，藉助社交平臺來拓展電商管道的一種途徑，其與大型電商的最大區別在於銷售管道可能不會集中在大型平臺，而是分散於各種行動垂直社群當中。

需要注意的是，微商可以以很低的成本、利用大大小小的社交平臺做一些生意，但需要從業者具備一定的商業經營理念和營運頭腦，不一定每個人都能從中賺取高額利潤。所以大家一定要對微商保持清醒認知，避免陷入傳銷的泥潭。

第7章　為微商正名：建立完善的信任機制，拒絕「傳銷」標籤化

去傳銷化 VS 微商求變：
微商如何能擺脫「傳銷」陰影

微商在社群媒體中蓬勃發展的同時也始終被一個問題所困擾，那就是在不少人眼中，微商似乎和「傳銷」畫上了等號。電視臺也在新聞中報導部分微商缺乏規範，有「形似傳銷」的「微傳銷」之嫌。

那麼，微商和微傳銷之間的區別在哪裡？真正的微商能否擺脫這個名字，探索出發展的方向？不少微商從業人員在這個問題上都找不到答案。

微傳銷是從微商中發育而成的毒瘤

有不少微商從業者有這樣的疑惑，現在有很多化妝品、面膜等產品的行銷者以微商的名義、傳銷的性質攪亂了微商的秩序，那我們究竟還應不應該把自己定義為微商？

在微商興起之初，這個詞迅速引起了關注並備受追捧，微商一時間成為了一種非常時尚的職業，不少人都以自己做微商而感到驕傲。但是經過了短短一年左右的時間，這個詞好像有些變質了，很多微商人甚至不願意將自己同這個詞連

去傳銷化 VS 微商求變：微商如何能擺脫「傳銷」陰影

繫起來。這究竟是為什麼呢？

事實上，微商經歷過一段輝煌的發展時期。街頭巷尾都有可能聽到有人在討論微商。一時間，微商的管理和發展、如何透過微商賺錢等成了很多人的關注熱點。

微商突然大熱的現象是很引人注目的，有人就指出，像這樣的現象只在 1990 年代傳銷最為瘋狂的時候出現過。不難猜想，曾經在傳銷中大熱的傳銷或者說傳銷的理念隨著社群媒體的興起，敏感地嗅到了重新發展的契機，這種商業形態在理論上看似具有很強的先進性和吸引力。

微商被冠以「傳銷」之名的爭議隨著面膜、化妝品微商的興起而達到了一個頂峰，有些面膜的致富神話引起了巨大轟動。微商這一華麗的業績產生了極大的激勵作用，尤其對於學生、家庭主婦等人群。而隨著這一態勢的逐漸擴大，很多上班族也加入了浩浩蕩蕩的微商大軍。

但是這些看似不可思議的業績是貨真價實的嗎？其實，在其誕生之初就已經能隱約看到傳銷的影子。2015 年 4 月，有新聞針對面膜微商的一系列「怪現象」進行了專題報導，對微商面膜的產品品質、價格構成、原料、銷售等各方面進行分析，層層揭露出面膜在逐級代理之中存在的價格累加、暴利銷售、虛假晒單等黑幕。

此後，很多在當時頗具名氣的微商品牌漸漸淡出了人們

第7章　為微商正名：建立完善的信任機制，拒絕「傳銷」標籤化

的視野，有些轉向了其他高利潤產品如保健品，而其行銷手法其實還有傳銷的成分在裡面。隨著對微商的各種報導的增加，微商致富神話被揭穿，人們漸漸從微商熱中清醒過來，可以用理智的態度去看待它。微商當中透過逐級發展代理來賺取高額差價的「微商」們紛紛失去了財路。

面膜微商對朋友圈微商的發展帶來損害

其實面膜微商正在首頁洗版的時候，我就感覺到這種模式只可能風靡一時，絕不可能作為一種正常的銷售模式持續發展下去，有以下兩個原因。

1. 明顯的傳銷理念植入，以金字塔的形式層層向下級發展，以傳銷為先例，這種形式必然會遭到反對。

2. 這種形式其實只能在初期為商人帶來爆發式的收入，但這種商業模式無論是產品品質還是信譽都無法保證，所以極容易在發展過程中出現崩盤。尤其是隨著媒體的不斷報導，面膜傳銷的真面目被一層層地揭開，面膜微商的立足根基被一次次打斷，已經沒有了前進的空間。

隨著微商行業的混亂局面被一次次暴露到大眾面前，人們對其好感度急遽降低。雖然很多微商人士希望透過行業協會或者品牌協會來重塑大眾對微商的信心，但是收效甚微。

去傳銷化 VS 微商求變：微商如何能擺脫「傳銷」陰影

信任危機一旦出現，重塑形象就變得很難。所以，儘管一些化妝品、面膜品牌抽身去做了其他的產品，但是品牌痕跡影響太大，人們對其還是持懷疑態度。

對於整個微商生態來說，微傳銷的席捲無疑給生態圈帶來了極大的傷害。社交平臺原本是一個資訊極容易傳播也很容易產生信任感的平臺，是微商發育的重要環境。但是微行銷的出現對整個朋友圈的信任系統造成了沉重的打擊，人們已經形成了警惕的心態，對朋友圈中的行銷不再輕易信任甚至是完全封鎖。

在相當長的一段時期內，這部分行銷者在朋友圈裡再去銷售其他任何產品，都很難摘掉「傳銷」的帽子，以致無論什麼產品都很難推銷出去。實際上，這一條途徑已經基本斷開了。

所以，如果微商在下一步發展中不對其產品選擇、訊息展示方式和獲利方式進行徹底的改變，就很難在社群媒體行銷這條道路上繼續走下去。

真正的微商依舊是微商的一部分

當然，我們並不能夠因為微傳銷這個群體而對微商進行全部否定，在微商中，良性微商依舊存在，他們只是把社群媒體作為一個平臺和一種管道，藉助其龐大而具有極佳擴散

第7章　為微商正名：建立完善的信任機制，拒絕「傳銷」標籤化

性的流量來推出自己的商品。這類微商可以分為兩類，一類是把特產作為主要商品的微商，另一類是大型品牌的微商。

第一類微商也就是把產品陳列在官方帳號或者微商店上進行推銷，其本質如同購物平臺一般，都是藉助一個平臺利用其流量以期達到更好的銷售效果。這類微商的商品以大棗、豆腐等土特產為主，原因可能有以下幾點。

1. 特產屬於具有明顯地域特徵的產品，購買者往往是其他地域的客戶，因此會對其持有新鮮感。而且這種產品往往與食品安全和健康問題掛鉤，因此客戶較傾向於透過具有一定信任度的平臺來進行購買。
2. 因為在原產地的關係，所以賣家需要支付的成本並不高，但能獲取較高的利潤。但是這類微商的發展空間是有限的，如果不發展代理擴大銷售規模，很快就會發展到一個極限。

而大品牌做微商也有著自己的意圖。

但是大品牌微商有其弊端，那就是員工往往不能兼顧。

如果企業無法制定合理的管理和激勵機制，那麼很容易使得員工在兩頭都呈現出疲態，甚至其本職工作的效率也會下降。

儘管這兩種微商的形式有利有弊，但是總體來看，它們

至少是良性微商的代表。它們並沒有把官方帳號當作可以發一筆橫財的地方,而僅僅是一個擁有大流量的平臺,一種新的銷售管道。這才是做微商應當具備的正確價值觀。

微商如何擺脫現今的尷尬局面

現在對於微傳銷和良性微商的概念我們已經分得很清楚了,但我們必須要面對的是,微商現今處於大眾信任危機的尷尬境地,那麼,其應如何對行業進行淨化,未來的路又要怎樣走呢?我認為,想要認真做好微商的從業者應從如圖 7-4 所示的幾個方面來進行突破和轉變。

```
┌─────────────────────────────┐
│  解決最大問題:擺脫傳銷的陰影  │
└─────────────────────────────┘

┌─────────────────────────────┐
│     微商商品類型應多樣化      │
└─────────────────────────────┘

┌─────────────────────────────┐
│       微商管道的多樣化        │
└─────────────────────────────┘

┌─────────────────────────────┐
│    發展微商的方式應當多樣     │
└─────────────────────────────┘
```

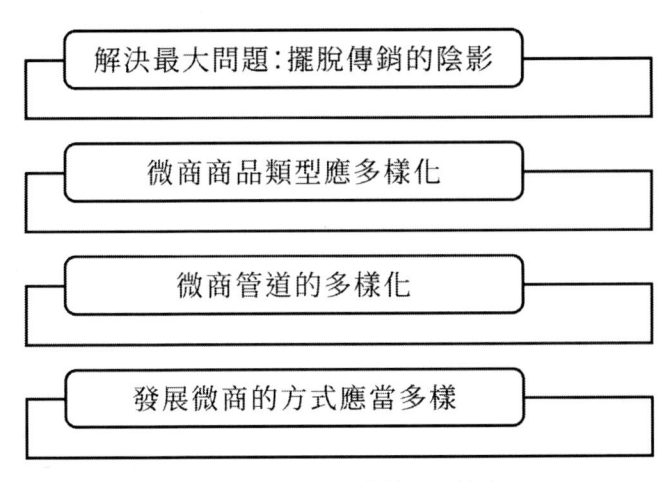

圖 7-4 微商回歸正軌的主要策略

第7章　為微商正名：建立完善的信任機制，拒絕「傳銷」標籤化

1. 解決最大問題：擺脫傳銷的陰影

微傳銷的名字已經為微商帶來了很大的陰影，如果任其發展下去，微商就很難在商業上再有翻身之地。因此，微商的當務之急就是要去傳銷化。那麼應當怎樣做呢？微商很重要的一部分就是分銷機制，所以，首先要把這一部分分離出來，比如發展幾個一二級代理。而這些代理商的核心目的絕不是賺取產品差價，而是實實在在地賣產品，靠產品的利益盈利。

2. 微商商種類型應多樣化

微商的後續發展絕不應該再繼續以面膜和化妝品為主，因為前期發展中這類產品已經由於微行銷的原因在大眾心理留下了不好的印象，基本信任機制已經趨近於瓦解。此外，同質化的產品很難在市場上擁有具有優勢的競爭力，硬性競爭銷售有可能會帶來惡意低價競爭等問題，利潤空間十分有限。因此，微商未來的產種類型要多樣化。

3. 微商管道的多樣化

在很多人的概念中，微商就等同於社群電商。的確，官方帳號是微商的一個重要途徑，但微商絕不局限於此，其他很多社交平臺也是微商進行活動的地方。現在社交平臺上出現了不少「達人」，如化妝達人、時尚達人等，他們有很多就

在利用自己累積的粉絲資源做微商。其他一些垂直社交平臺也可以作為微商發展的管道。

4. 發展微商的方式應當多樣

以往微商的運作方式往往會給人們留下這樣的印象，那就是首頁洗版。其實這樣能造成多大的效果？朋友之間能夠分享的機率又有多少？甚至有些貼文因為洗版頻繁還會被親朋好友封鎖，得不償失。因此，微商要想獲得新的發展就必須突破固有模式，尋找新的思路。

有些品牌就在這方面做出了自己的嘗試和努力，他們在官方帳號上做微商城，並提供上門服務。他們希望能夠結合O2O的模式來將微商長久有序地做下去。實際上，有很多產品也開始注意在做微商的方式上進行多樣化創新，而不僅僅依靠簡單的貼文洗版。

總而言之，微商不能夠脫離其電商的本質來發展，只不過其運作環境主要集中於社交平臺。至於微傳銷，只是微商在發展還不成熟的時候一種偏離正確軌道的「變種」。儘管微傳銷在一段時期內給微商的發展道路蒙上了陰影，但我們對其未來的發展仍應該保持樂觀態度。畢竟行動網路發展得如火如荼，行動社交平臺已經累積了大量的流量，未來必會成為電商爭奪之地，而微商其實可以看作率先發展起來的社交化電商。

國家圖書館出版品預行編目資料

微商經濟學，迎接全球化之下的跨境電商挑戰：從即時連接到無縫互動，掌握行動社交趨勢，打造個性化用戶體驗 / 魏星 著. -- 第一版. -- 臺北市：財經錢線文化事業有限公司, 2024.09
面；   公分
POD 版
ISBN 978-957-680-986-6(平裝)
1.CST: 電子商務 2.CST: 網路社群 3.CST: 網路行銷
90.29   113012518

電子書購買

爽讀 APP

微商經濟學，迎接全球化之下的跨境電商挑戰：從即時連接到無縫互動，掌握行動社交趨勢，打造個性化用戶體驗

臉書

作　　者：魏星
發 行 人：黃振庭
出 版 者：財經錢線文化事業有限公司
發 行 者：財經錢線文化事業有限公司
E - m a i l：sonbookservice@gmail.com
粉 絲 頁：https://www.facebook.com/sonbookss/
網　　址：https://sonbook.net/
地　　址：台北市中正區重慶南路一段 61 號 8 樓
8F., No.61, Sec. 1, Chongqing S. Rd., Zhongzheng Dist., Taipei City 100, Taiwan
電　　話：(02) 2370-3310　　傳　　真：(02) 2388-1990
印　　刷：京峯數位服務有限公司
律師顧問：廣華律師事務所 張珮琦律師

-版權聲明-

本書版權為文海容舟文化藝術有限公司所有授權財經錢線文化事業有限公司獨家發行電子書及繁體書繁體字版。若有其他相關權利及授權需求請與本公司聯繫。
未經書面許可，不可複製、發行。

定　　價：399 元
發行日期：2024 年 09 月第一版
◎本書以 POD 印製
Design Assets from Freepik.com